U.S.Army Air Forces Aircraft 1908-1945

アメリカ陸軍機事典

野原 茂

1908〜1945

イカロス出版

文・イラスト ── 野原 茂

写真提供 ── 野原 茂、U.S.Air force

序　文

　1903年12月17日、ノースカロライナ州キティホークの海岸にある砂丘を利用し、兄ウィルバー、弟オービルのライト兄弟が人類史上最初の動力飛行に成功し、アメリカは航空史のパイオニアとして不朽の名を刻んだ。

　しかし、その後はフランスにおけるライト複葉機のデモ飛行に刺激を受けたヨーロッパ各国が、航空機開発に熱心に取り組んだこともあって、アメリカのパイオニアとしての存在感はやや薄らいでしまう。

　1917年4月6日、折りからの第一次世界大戦に連合国側の一員としてアメリカが参戦したときも、ヨーロッパの戦場から遠く離れていたという地理的要因はあったが、第一線で使える性能の自国製機を持てず、翌1918年11月の休戦に至るまでフランス、イギリスからの供給機で賄った。

　だが、戦争に敗れたドイツはもとより、勝利者となったフランス、イギリスの両航空先進国も戦争による国力の疲弊、軍備縮小の影響をうけて技術的な発展が滞ってしまう。そして、これらヨーロッパ列強国に代わり1920年代に入り航空機発達面において、にわかに台頭してきたのがアメリカである。

　従来までの複葉羽布り構造から、ジュラルミン材料を用いた全金属製単葉形態への近代化にいち早く着手。液冷、空冷エンジンの新型開発とパワー向上をはじめ、可変ピッチプロペラ、引込式降着装置、排気タービン過給器など、新技術の実用化にも積極的に取り組んだ。

　こうした官民双方の努力は1930年代に入って実を結び、第二次世界大戦が勃発する前の段階で、陸軍航空隊は他国の追随を許さない排気タービン過給器装備の高々度四発爆撃機B-17、同様の双発戦闘機P-38を具現、格差を見せつけた。

　1941年12月、日本海軍空母部隊によるハワイ奇襲攻撃を受け、否応なく第二次世界大戦の当事国となったアメリカは、全軍事産業が戦時体制に組み込まれ航空機の増産も加速。同年に陸海軍各機種を合計した生産数が2万6千機余だったのが、翌1942年には4万7千機余、1943年には8万5千機余、1944年には9万6千機と飛躍的に増大した。大戦終結により1945年は4万9千機余に減じたものの、1939年からの累計は実に32万4千機余に達し、敵対したドイツの約12万機、日本の7万6千機余を圧倒して連合国側勝利に大きく貢献した。

　これは真に他を圧倒する潜在的国力があってこその結果であり、大戦前まで"眠れる獅子"だったアメリカが非常事態をうけ覚醒したものと言える。大戦末期に登場した陸軍航空軍の"切札"とも言うべきP-51戦闘機とB-29爆撃機は、アメリカ航空技術の優越を象徴する存在だった。

　本書は、そのアメリカ陸軍航空の草創から第二次世界大戦期までの歴代機を、実用機中心に網羅したものである。読者諸兄の好評を博すことができたならば幸甚である。

野原　茂

U.S.Army Air Forces Aircraft 1908-1945

アメリカ陸軍機事典

CONTENTS

★ 1908〜1945

序文 5

第一章
「揺籃」── 黎明期〜第一次大戦期〜戦間期前半 9

ライト複葉機 10

カーチス複葉機 11

バージェス複葉機 12

マーチンT/S複葉機／ステューテバントS複葉機 ... 13

トーマスD-5／ライト・マーチンR 14

スローアン・スタンダードH／L.W.F.V 15

カーチスJNジェニー 16

デ・ハビランドDH-4 17

トーマス・モースS-4／スタンダードE-1 18

スタンダード／ハンドレーペイジO/400
　　／スタンダード／カプロニCa33 19

マーチンGMB(MB-1)
　　／マーチンMB-2(NBS-1) 20

L.W.F OWL／バーリングXNBL-1 21

トーマス・モースMB-3
　　／トーマス・モース/ボーイングMB-3A 22

カーチスPW-8／ボーイングPW-9 23

カーチスO-1 24

ダグラスO-2 25

スペリーM-1メッセンジャー
　　／ローニングOA-1〜OA-2 26

コンソリデーテッドPT-1〜O-17
　　／フォッカーC-2〜C-7 27

キーストーンB-3〜B-6パンサー 28

エリアスXNBS-3／カーチスB-2コンドル 29

カーチスP-1〜P-23ホーク 30

ボーイングP-12 32

ステアマンPT-13〜PT-27ケイデット 34

第二章
「覚醒」——戦間期後半〜第二次大戦直前期...............35

ボーイングP-26"ピーシューター"...........................36
ダグラスXB-7／ボーイングXB-9............................38
ダグラスC-21,C-24,OA-3,OA-4／ダグラスO-43 ..39
カーチスA-8/A-12シュライク
　　／コンソリデーテッドPB-2.................................40
マーチンB-10..41
ダグラスC-32〜C-33／ノースロップA-17、A-33....42
セバスキーP-35...43
ノースアメリカンBC-1/T-6テキサン 44
カーチスP-36ホーク..46
ボーイングXB-15／ベルXFM-1エアラクーダ 47
ボーイングB-17フライングフォートレス...................48
ダグラスB-18ボロ..52

ノースアメリカンO-47／ノースアメリカンXB-21 53
ボーイング・ステアマンXA-21
　　／ビーチUC-43トラベラー 54
ノースアメリカンBT-14
　　／バルティーBT-13/BT-15バリアント 55
ロッキードP-38ライトニング.....................................56
ベルP-39エアラコブラ...60
カーチスP-40ウォーホーク 64
カーチスXP-37、XP-42／ダグラスXB-19...............68
ダグラスB-23ドラゴン／ビーチC-45.......................69
セスナAT-8,AT-17/C-78ボブキャット
　　／ロッキードC-56,C-57,C-59,C-60ロードスター....70

第三章
「躍進」——第二次世界大戦期...71

コンソリデーテッドB-24リベレーター 72
ノースアメリカンB-25ミッチェル..............................76
ダグラスA-20ハボック 80
マーチンB-26マローダー 84
カーチスAT-9ジープ／ビーチAT-10ウィチタ..........88
スチンソンO-49ビジラント／カーチスO-52アウル ..89
ノースアメリカンP-64
　　／バルティーP-66ヴァンガード.......................90
ライアンPT-19,PT-23,PT-26コーネル
　　／フェアチャイルドAT-21ガンナー.....................91
ライアンPT-16〜22リクルート
　　／エアロンカL-3グラスホッパー.........................92

パイパーL-4グラスホッパー／インターステイトL-6...93
ウェイコCG-3／ウェイコCG-4...............................94
ロッキードA-28,A-29ハドソン
　　／マーチンA-30バルチモア 95
ダグラスA-24バンシー..96
リパブリックP-43ランサー 97
バルティーA-31,A-35ベンジャンス............................98
カーチスXP-46／カーチスA-25シュライク 99
カーチスC-46コマンド 100
ロッキードXP-49／グラマンXP-50.....................101
ノースアメリカンP-51マスタング..........................102
リパブリックP-47サンダーボルト 106

CONTENTS

ノースロップP-61ブラックウィドウ 110

ベルP-63キングコブラ 112

シコルスキーR-4／シコルスキーR-5 113

ダグラスC-47スカイトレイン 114

スチンソンL-5センチネル 118

ノースアメリカンXB-28

　　／ロッキードB-34,B-37ベンチュラ 119

ボーイングB-29スーパーフォートレス 120

コンソリデーテッドB-32ドミネーター 124

ダグラスA-26インベーダー 126

ブリュースターXA-32

　　／ビーチXA-38デストロイヤー 128

第四章
「革新」——アメリカ陸軍の試作機/新型機 129

バルティーXP-54スウースグース 130

カーチスXP-55アセンダー 131

ノースロップXP-56ブラックバレット 132

ロッキードXP-58チェインライトニング 133

カーチスXP-60,XP-62 134

マクドネルXP-67バット 135

リパブリックXP-72 136

フィッシャーP-75イーグル 137

ベルP-59エアラコメット 138

ベルXP-77 140

ノースロップXP-79Bフライング・ラム 141

ロッキードP-80シューティングスター 142

ノースアメリカンP-82ツインマスタング 144

コンベアXP-81／ベルXP-83 146

バルティーXA-41 147

ノースロップXB-35 148

コンベアB-36ピースメーカー 150

ダグラスXB-42ミックスマスター

　　／P&W XB-44 152

ダグラスC-54スカイマスター 153

ロッキードC-69コンステレーション

　　／フェアチャイルドC-82パケット 154

第五章
アメリカ陸軍機関連資料一覧 155

アメリカ陸軍航空概史 156

アメリカ陸軍機の命名基準 158

アメリカ陸軍機生産会社／工場コード 160

アメリカ陸軍機のシリアル・ナンバー 161

主要アメリカ陸軍機製造会社概要 162

アメリカの主要航空エンジン 167

アメリカ陸軍機の射撃兵装 171

アメリカ陸軍機の爆撃兵装 177

アメリカ陸軍機の国籍標識 182

アメリカ陸軍航空軍の戦歴概要 184

アメリカ陸軍機写真ギャラリー 188

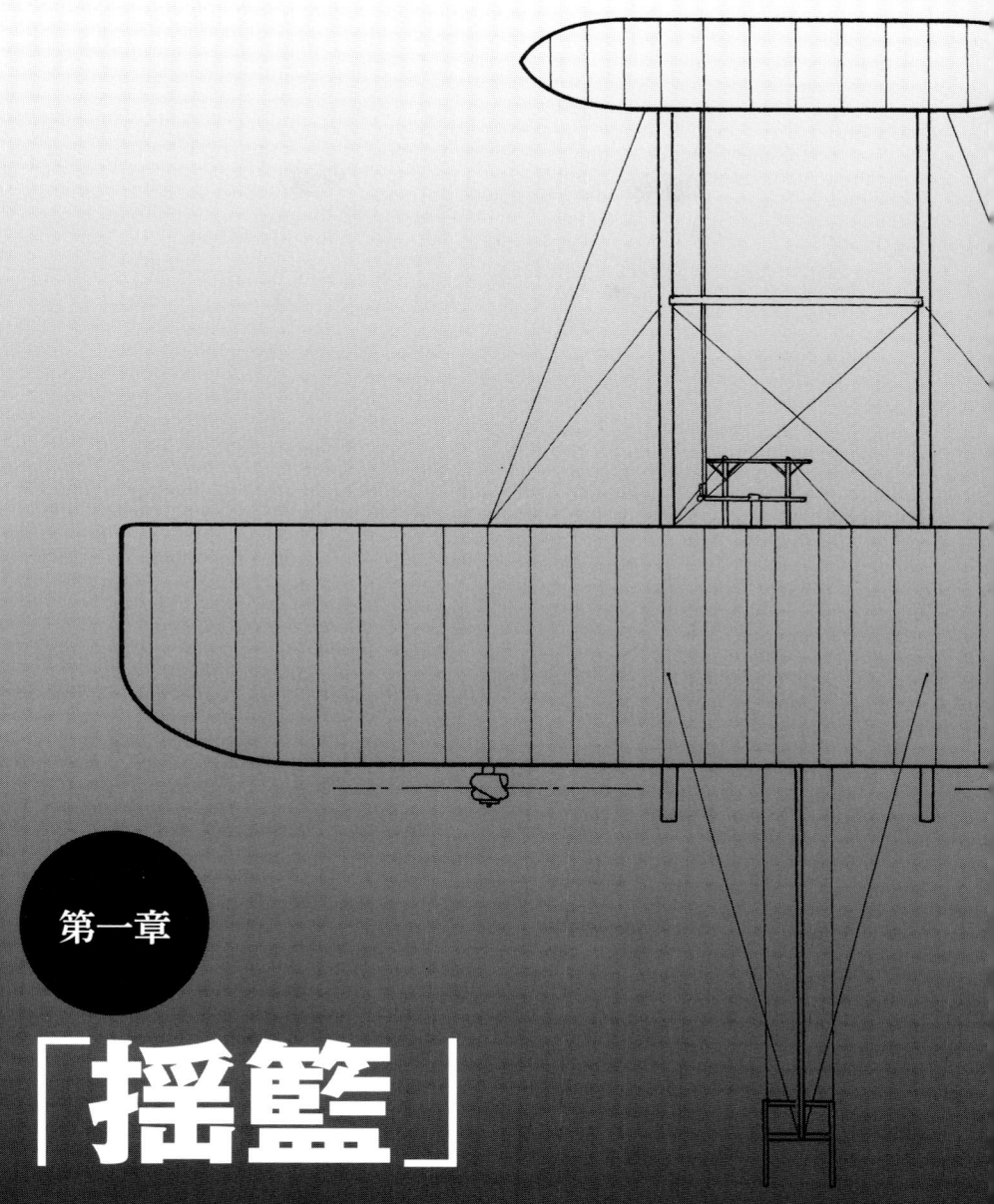

第一章

「揺籃」

黎明期～第一次大戦期～戦間期前半

1908年～1932年

ライト複葉機（1908年）

ライト複葉機（1908年）

ライト・フライヤーA型

今日まで120年にわたり連綿と続く航空機の歴史において、その始祖とも言うべき人類史上最初の動力飛行を成し遂げたのが、ウィルバー、オービルのライト兄弟である。

1900年の第1号から1902年の第3号に至るまで、カナール型昇降舵と翼端撓み式の複葉主翼を持つグライダーを製作して入念に滑空実験を行なったのち、翌1903年12月17日、第4号グライダーに自動車用の12馬力エンジンとチェーン駆動の2つの推進（プッシャー）式プロペラを付け、滞空時間12秒、距離37mの動力飛行に成功。その名を歴史上に刻んだ。

この未知なる新しい "空飛ぶ機械" に興味を持ったアメリカ陸軍通信連隊は、1908年2月に同乗者を搭乗可能にした改良型の「フライヤーA型」の飛行テストを実施。1時間以上の滞空時間を持つことが証明され、航空機第1号として購入した。

その後、エンジン出力を向上し機体の洗練を図るなどした改良型の「ライトB型」が2機、さらに1912〜'13年にかけてC型7機、D型2機も納入され、これら「ミリタリー・フライヤー」と呼ばれたライト複葉機は、アメリカ陸軍の初代軍用機としての名誉も刻んだ。

ライト・フライヤーA型 ●諸元/性能

全幅：11.13m、全長：8.81m、全高：2.46m、自重：336kg、全備重量：544kg、エンジン：ライト液冷直列4気筒（30hp）×1、最大速度：71km/h、航続時間：1時間以上、武装：―、爆弾：―、乗員：2名

←1903年12月17日、ノースカロライナ州キティホークの海岸に面した砂丘にて、滞空時間12秒、距離37mの、人類史上最初の動力飛行に成功した、ライト・フライヤー一号機。操縦したのは弟のオービル、画面右で見守るのが兄のウィルバーである。

カーチス複葉機（1909年）

カーチスD型

　1878年5月31日、ニューヨーク州のハンモンズポートで生まれたグレン・ハモンド・カーチスは、ライト兄弟より11～7歳も年少だったが、自らオートバイ用の空冷エンジンを設計し、20歳台でその工場経営者となるなど有能な若者だった。

　そのカーチスがライト兄弟の歴史的な初動力飛行に刺激され、自ら研究・実験を重ね1908年7月4日「ジューンバグ号」と命名した最初の複葉機の飛行を成功させたのも、なかば必然的な成り行きだった。

　同機は、ライト兄弟が特許を主張していた撓み式の主翼を避け、翼端に三角形の小型可動翼を取り付けて左右の旋回操作を行ない、自作した出力の大きな（40馬力）液冷V型8気筒エンジンの後方に推進式プロペラ1つを付け、3車輪式の降着装置を持つなど、ライト複葉機に比べ後発なるが故の進歩した面を有していた。

　翌1909年にはジューンバグに改良を加え、出力50馬力エンジンを搭載した、「ゴールデン・フライヤー号」をわずか3週間で製作し、同年8月25日にフランスのランスで開催された第一回国際航空大会中に、20kmコースを15分50秒、平均速度75.7km/hで飛行。ゴードン・ベネット賞を獲得する栄誉に浴した。

　こうしたカーチス複葉機の評判を聞いたアメリカ陸軍通信連隊は、同年中にゴールデン・フライヤー号に改良を加えた「カーチスD型」1機を購入、ライト・フライヤーに続き「航空機第2号」とした。さらに1911年にはエンジンを60馬力にパワーアップした「カーチスE型」3機も採用され、ライト複葉機とともに飛行訓練用機として使われ、陸軍航空の揺籃期を支える存在となった。

　なおライト複葉機も含め、この当時の機体の主材料は骨組みがスプルース（とうひ）木材や竹、張線がピアノ線、翼の外皮が羽布であった。

↑カーチスにとって最初の動力付き航空機となった「ジューンバグ号」を正面より見る。中央で丸い操縦ハンドルを握るのがカーチス自身。

ゴールデン・フライヤー	●諸元/性能

全幅：9.98m、全長：8.69m、全高：約2.74m、自重：376kg、全備重量：―、エンジン：カーチス式液冷V型8気筒（50hp）×1、最大速度：75km/h、航続時間：―、武装：―、爆弾：―、乗員：1名

バージェス 複葉機（1913年）

モデルH 初期

　ライト、カーチスに続き航空機の製作に乗り出したのがマサチューセッツ州のマーブルヘッドに所在したW・スターリング・バージェス会社で、1910年以降、カーチス、さらにはライト複葉機のライセンス製造権を入手し、後者は「モデルF,J」と称した2機が陸軍通信連隊に採用され、S/N（シリアルナンバー）5,および18を与えられ、操縦訓練に使われた。

　1912年には独自に設計した「モデルH」が6機採用となり、やはり訓練用に使われたが、本型は陸軍機として最初の索引式形態（エンジンの前方にプロペラが付く形態）を採用した進歩的な設計だった。

　もっとも、横方向の操縦は依然としてライト複葉機の特許である翼端撓み方式であり、実用性が良いとは言えなかった。

　そのため6機中の4機はカリフォルニア州サンジエゴに所在した陸軍施設の所員、G・C・ローニング技師の手で、エンジンをフランス製のルノー70馬力に換装し、機体も全面的に再設計して、補助翼を備えるカーチス式操縦系統に変更するなど、面目を一新した。

　この4機のうちS/N28号機は、エンジンと乗員席の間に大きな特設燃料タンクを備え、1915年3月12日、3名が搭乗して7時間5分の世界最長滞空記録を樹立した。

バージェス 複葉機 ［モデルİ ］ ●諸元/性能

全幅：11.14m、全長：9.54m、全高：──、自重：──、全備重量：924kg、エンジン：ステューテバント液冷V型8気筒（60hp）×1、最大速度：95km/h、航続距離：──、武装：──、爆弾：──、乗員：2名

モデルH 後期

マーチン T/S 複葉機 (1914年)

　カリフォルニア州サンジエゴに所在した陸軍航空学校からの要求により、新興のマーチン社が1914年から1916年にかけて計17機納入したのが、「モデルT」および「同TT」と称した複葉練習機である。

　両機は、カーチスOX-5液冷式V型8気筒エンジン（90hp）を搭載したノーマルな牽引式形態の複葉機で、複座の乗員席は複操縦装置が備えられ、飛行訓練が効率的に行なえる配慮がしてあった。

それ故に、古いライト複葉機にとって代わる存在として重宝された。

　このT型、TT型のエンジンをホール・スコットA-5液冷直列6気筒（125hp）に換装し、上、下翼間に別途取り付けていた補助翼を、上翼後縁に組み込むなどの改良を加えたのが「モデルS」。水上機仕様8機を含めて計14機納入され、観測機として使われた。

ステューテバント S 複葉機 (1915年)

　カリフォルニア州サンジエゴの陸軍施設所員だったG・C・ローニング技師は、1915年に同施設を退所し、マサチューセッツ州ボストン市に居を構えたステューテバント航空機会社に入社。同社が陸、海軍から受注した陸上、および水上観測機の設計主任として開発したのが、モデルS、およびS-4だった。

　両機の特徴は、当時としては進歩的なジュラルミン材を用いた全金属製で、陸軍向けのSは2機（S/110、111）納入された。

モデルS	●諸元/性能
全幅：14.83m、全長：8.84m、全高：——、自重：——、全備重量：1,406kg、エンジン：ステューテバント液冷V型8気筒（150hp）×1、最大速度：120km/h、航続距離：——、武装：——、爆弾：——、乗員：2名	

トーマスD-5（1914年）

ニューヨーク州バースに所在したトーマス・ブラザース航空機会社は、1914年以降自社製の液冷V型8気筒エンジンを搭載する複葉機を設計。陸軍通信連隊に「D-5」と称した観測機仕様の2機（S/N114,115）が採用され訓練に使用された。

機体は、上翼が全幅16mもあり、下翼はその2/3ほどだったので外観が「一葉半」形態のように見え、その上翼に当時の水上機に多く見られた垂直安定板を付けているのが特徴。

トーマスD-5	●諸元/性能
全幅：16.07m、全長：8.06m、全高：——、自重：589kg、全備重量：1,134kg、エンジン：トーマス液冷V型8気筒（135hp）×1、最大速度：138km/h、航続距離：——、武装：——、爆弾：——、乗員：2名	

ライト・マーチンR（1916年）

1916年9月、マーチン社とライト社が共同出資してライト・マーチン社を設立、陸軍と計14機の航空機納入契約をとりつけることに成功した。

機体は当初、ホール・スコットA-5液冷V型8気筒（125hp）を搭載した2機（S/N108,109）が製作されたが、残りの12機はA-5Aエンジン（150hp）に換装し、垂直尾翼を改修するなどして少し性能向上させていた。

トーマスD-5と同様に、補助翼を設けた上翼の全幅が大きく、エンジンの上方にラジエーターを柱状に立てているのが外観上の特徴。

スローアン・スタンダードH（1916年）

陸軍が偵察機と仕様を定めて最初に発注したのが、スローアン社のH-2複葉機。ホール・スコットA-5エンジン（125hp）を搭載した機体は、上、下翼が同一幅で上翼に10度の後退角が付いているのが外観上の特徴。

最初の3機はH-2と命名され、残りの3機は各部に改良を加えられてH-3となった。スローアン社は、その後スタンダード航空機会社に改組され

るが、スローアン社の元技術者たちがその基幹社員となった。

スローアン・スタンダードH-3　●諸元/性能

全幅：12.21m、全長：8.22m、全高：——、自重：——、全備重量：1,224kg、エンジン：ホール・スコットA-5液冷V型8気筒（125hp）×1、最大速度：135km/h、航続距離：——、武装：——、爆弾：——、乗員：2名

L.W.F. V（1916年）

V-1

1915年にニューヨーク州ロングアイランドのカレッジ・ポイントで創立されたL.W.F（ロー・ウィラード＆フォウラー）社は、最初に手掛けた社内名「モデルV」が幸運にも陸軍に採用され、23機（S/N112,113,447 ～ 467）が観測機、および練習機として使われた。

航空班（旧通信連隊を1914年7月18日付けで改称）内における評価は高く、1917年から翌

1918年にかけてさらに計112機もの多くが生産され、広範に使われた。

数が多いだけに、搭載したエンジンの違いにより、V-1（ステューテバント140hp、又はトーマス130hp）、V-2（ホール・スコット165hp）、V-3（ステューテバント200hp）のバリエーションがあった。

カーチス JN ジェニー（1916年）

JN-4D

TWO JN-4Ds IN FLIGHT.

るイギリスからの発注も重なり、総計6,522機という膨大な数がつくられ、カーチス社はアメリカ最大手の航空機メーカーに昇り詰めた。

JN-4の設計、性能は特に秀でたものではなかったが、練習用機として重要な操縦、安定性が出色で、乗員の急速大量養成にうってつけの機体だった。

第一次世界大戦期に、戦闘用航空機の開発に関しヨーロッパ列強国に遅れをとったアメリカに、練習機とはいえ航空機パイオニアの国としての面目を保たせた存在、それがカーチス社のJNシリーズであった。

JNは、もともとカーチス社がイギリスのアブロ社技師B.D.トーマスに設計を依頼した「N型」と、カーチス社の設計案「J型」を陸軍に提案し、両機を折衷させた「JN型」として採用された機体。

試作型に等しいJN-2,3を経て、1916年に完成したJN-4が標準生産型となり、大戦の特需によ

カナダでのライセンス生産分も含めたJN各型の総生産数は7,370機にも達し、大戦後は余剰となった大量のJN-4が民間に払い下げられ、アメリカ国内上空を飛び廻った。

JN-4　●諸元/性能

全幅：13.30m、全長：8.33m、全高：3.00m、自重：717kg、全備重量：967kg、エンジン：カーチスOX-5液冷V型8気筒（90hp）×1、最大速度：120.7km/h、航続時間：2時間18分、武装：——、爆弾：——、乗員：2名

戦後、民間に捨て値同然で大量に払い下げられたJN-4の、その活動ぶりを象徴したのが「バーンストーミング」と呼ばれた曲芸飛行であった。主翼上を歩いたり、主脚の下にぶら下がったりしたほか、写真のようにテニスの仕草をパフォーマンスした勇者もいた。

JN-4

デ・ハビランドDH-4（1917年）

DH-4B

イギリスのデ・ハビランド社が、1916年8月に初飛行させたDH-4は、初めて昼間高速爆撃用に開発された機体で、当時としてはドイツ側戦闘機をも凌ぐ230km/hの高速と良好な操縦、安定性が出色で、翌1917年4月から西部戦線で実戦に参加。主力機として活躍した。

本機の好評ぶりを伝え聞いたアメリカ陸軍は、同年8月にサンプルとして1機を購入、自国製の新型「リバティー」エンジン（400hp）に換装してテストした。結果は上々で、ただちにライセンス生産を決定。デイトン・ライト、GMフィッシャー工場、スタンダードの3社が分担し、休戦後の1919年にかけてそれぞれ3,106機、1,600機、140機、合計4,846機もの膨大な数をつくった。

これらの機体は、翌1918年8月から西部戦線

のアメリカ遠征軍に送られ始めたが、同年11月には休戦となったため、現地に届いたのは1,213機にとどまった。

戦後イギリス空軍からは急速に退役したDH-4だが、アメリカ陸軍では改良型のDH-4Bを含め、訓練や各種任務に長く使われ続け、最終的には1932年まで現役にとどまった。自国開発機ではないが、DH-4はJN-4と並び1910～20年代を通し、アメリカ陸軍内で取もポピュラーな機体でもあった。

DH-4B ●諸元/性能

全幅：12.94m、全長：8.97m、全高：2.94m、自重：1,333kg、全備重量：2,084kg、エンジン：リバティー液冷V型12気筒（416hp）×1、最大速度：190km/h、航続時間：3.25時間、武装：――、爆弾：146kg、乗員：2名

→全面銀色の非標準塗装を施したDH-4B。本型はDH-4の操縦席内部配置、主脚などに改修を加えたのが主な違い。

トーマス・モース S-4 (1917年)

S-4C

トーマス・モース社はイギリス出身のトーマス兄弟が1917年1月に創立した新興の航空機製造会社で、陸軍からオーダーされたフランス製ル・ローン80hp空冷回転式9気筒エンジンを搭載する単発戦闘機として試作したのが、処女作のS-4。

ソッピース社製戦闘機によく似た外観で、性能的には平凡だったが、第一次世界大戦の影響もあって累計1,200機に達する生産発注を受けた。し

かし大戦終結により、497機納入した時点で残りはキャンセルとなった。

トーマス・モースS-4C	●諸元/性能

全幅：8.08m、全長：6.05m、全高：2.46m、自重：—、全備重量：603kg、エンジン：ル・ローン9C 空冷回転式星型9気筒(80hp)×1、最大速度：152.9km/h、航続時間：約2.5時間、武装：7.62mm機銃×1、爆弾：—、乗員：1名

スタンダード E-1 (1918年)

1917年末にスタンダード航空機製造会社が、トーマス・モースS-4と同様の主旨で設計した小型単発戦闘機「M・ディフェンス」は、1918年1月と4月に各1機が当局に納入されてテストされたが、性能不足と判定され戦闘機としての採用は見送られた。

しかし、戦闘練習機としての利用価値を認めら

れ、改めてE-1の型式名で計126機生産され、同年8月から12月にかけて全てが納入された。

スタンダードE-1	●諸元/性能

全幅：7.30m、全長：5.76m、全高：2.38m、自重：375kg、全備重量：519kg、エンジン：ル・ローン9C 空冷回転式星型9気筒(80hp)×1、最大速度：161km/h、航続時間：2時間、武装：—、爆弾：—、乗員：1名

スタンダード/ハンドレーペイジ O/400（1918年）

第一次世界大戦に参戦したアメリカは、当時自国開発の大型爆撃機を持っていなかったことに鑑み、急ぎイギリスはハンドレーペイジ社のO/400のライセンス生産を企図。陸軍がスタンダード社を指名し、ハンドレーペイジ社から部品を購入し、1918年7月に1号機を初飛行させた。

しかし、4ヶ月後には休戦となり、戦後にかけてイギリス空軍向けに計107機、アメリカ陸軍向けに8機を生産したものの、計1,500機発注分の残りはキャンセルされ、実戦参加も叶わなかった。

O/400　　　　　●諸元/性能

全幅：30.48m、全長：19.16m、全高：：6.71m、自重：3,955kg、全備重量：6,543kg、エンジン：リバティー12-N 液冷V型12気筒（350hp）×2、最大速度：151.3km/h、航続時間：8時間、武装：7.62㎜機銃×2、爆弾：907kg、乗員：4名

スタンダード/カプロニ Ca33（1918年）

ハンドレーページO/400と同じ目的で、イタリア航空隊の主力爆撃機だった三発形態のカプロニCa33を、アメリカにてライセンス生産する計画が立てられ、やはり陸軍の指名によりスタンダード社が担当することになった。

イタリアから購入したサンプルの1機を自国産のリバティー12-Nエンジンに換装した1号機は、1918年7月に初飛行し、肩代わりのカーチス社、フィッシャー社にそれぞれ500機ずつ量産発注されたものの、休戦によりキャンセルされた。

Ca33　　　　　●諸元/性能

全幅：23.41m、全長：12.49m、全高：3.67m、自重：3,492kg、全備重量：5,601kg、エンジン：リバティー12-N 液冷V型12気筒（350hp）×3、最大速度：165.8km/h、航続距離：885km、武装：7.62㎜機銃×2、爆弾：603kg、乗員：4名

マーチン GMB（MB-1）（1918年）

O/400、Ca33のライセンス生産計画とともに、自国開発の双発爆撃機を求めていた当局は、マーチン社が提示した設計案を採用し、1918年10月にGMB（のちにMB-1と改称）の名称で生産発注した。

O/400を小型化したような外観の本機は、当初6機、その後50機を追加量産する契約だったが、休戦によって10機に削減され、最後の1機が引き渡されたのは1920年2月のことだった。

GMB（MB-1）	●諸元/性能

全幅：21.76m、全長：14.27m、全高：4.44m、自重：3,040kg、全備重量：4,638kg、エンジン：リバティー12A 液冷V型12気筒（400hp）×2、最大速度：169km/h、航続距離：627km、武装：7.62mm機銃×5、爆弾：471kg、乗員：4名

マーチン MB-2（NBS-1）（1920年）

GMB（MB-1）の最後の1機を受領して4ヶ月後の1920年6月、当局は同機の改良型としてMB-2の名称により計20機を生産発注した。1号機は同年9月からテストを受けたが、この時点で機体名称は、短距離夜間爆撃機を表わすNBS-1に変更されていた。

NBS-1はその後カーチス社、L.W.F.社他にも転換生産発注がなされ、100機を越える数が8個飛行隊に配備され、中立政策に基づいた沿岸防御兵力の中核として1929年まで使われた。

MB-2	●諸元/性能

全幅：22.6m、全長：13.0m、全高：4.47m、自重：3,206kg、全備重量：5,455kg、エンジン：リバティー12A 液冷V型12気筒（410hp）×2、最大速度：157.7km/h、航続距離：644km、武装：7.62mm機銃×5、爆弾：907kg、乗員：4名

L.W.F. OWL（1920年）

　第一次世界大戦が終結した直後、当局は備蓄しておいた多くのリバティーエンジンを利用する、新たな4種の爆撃機開発を提示。そのひとつとしてL.W.F.社に試作発注されたのがOWL。Ca33を範にしたような三発形態で、合板製の中央ナセルに3名の搭乗員を収容した。

　試作機は1920年に入って完成し、当局に納入され5月からミッチェル・フィールドにてテスト

を受けた。しかし事故を起こしたうえに性能も芳しくなく、不採用となった。

L.W.F. OWL	●諸元/性能

全幅：32.51m、全長：16.38m、全高：5.33m、自重：5,715kg、全備重量：9,162kg、エンジン：リバティー12 液冷V型12気筒（400hp）×3、最大速度：177km/h、航続距離：1,771㎞、武装：7.62mm連装機銃×1、爆弾：907kg、乗員：3名

バーリング XNBL-1（1923年）

XNBL-1	●諸元/性能

全幅：36.57m、全長：19.80m、全高：8.22m、自重：12,566kg、全備重量：14,607kg、エンジン：リバティー12A 液冷V型12気筒（420hp）×6、最大速度：154.6km/h、航続距離：539㎞、武装：7.62mm機銃×7、爆弾：2,268kg、乗員：8名

　L.W.F. OWLと同じく、備蓄リバティー エンジンを利用する4種の新型爆撃機開発計画のひとつとして、陸軍技術部自らが手掛けたのが本機。名称のNBLは新たなカテゴリーである長距離夜間爆撃機の略で、設計は同部のワルター・バーリング技師が担当した。

　写真を見てわかるとおり、左右3基ずつ6基のエンジンを搭載した三葉形態の超大型機だったが、製作費35万ドルの巨額に見合わぬコストパフォーマンスと判定され、不採用となった。

トーマス・モース MB-3 (1919年)

陸軍最初の500機に近い量産数の、自国開発戦闘機S-4シリーズを送り出したトーマス・モース社が、新型ライト"H"液冷V型12気筒エンジン（300hp）を搭載する単座戦闘機として当局の発注をうけ、1919年2月に初飛行させたのが本機。

テストの結果、ヨーロッパ各国の同級機ほどの性能は示せなかったが、採用が決まり計61機生産した。その後は製造単価を安く提示したボーイング社に量産契約を"鞍替"された。この当時、開発と生産の契約は別個に行なわれていた。

MB-3 ●諸元/性能

全幅：7.92m、全長：6.00m、全高：2.59m、自重：6.83kg、全備重量：949kg、エンジン：ライト/イスパノスイザH 液冷V型12気筒（300hp）×1、最大速度：244.7km/h、航続距離：463km、武装：7.62mm機銃×2、爆弾：——、乗員：1名

トーマス・モース/ボーイング MB-3A (1922年)

"漁夫の利"を得る形で、トーマス・モース社が開発したMB-3戦闘機の量産契約をとりつけたボーイング社は、上翼上面中央にあったラジエーターを、操縦席両側の胴体側面に分散して配置し、振動防止対策として尾翼を改修するなどし、新たにMB-3Aの名称を与えた。

計200機も量産発注されたMB-3Aは、1922年7月から引渡しを始め、計8個の追撃飛行隊に配備され、1926年にカーチス ホークにとって代わられるまで、主力機として使われた。

MB-3A ●諸元/性能

全幅：7.92m、全長：6.00m、全高：2.61m、自重：778kg、全備重量：1,151kg、エンジン：ライト/イスパノスイザH-3 液冷V型12気筒（300hp）×1、最大速度：227km/h、航続時間：2時間15分、武装：7.62mm機銃×2、爆弾：——、乗員：1名

カーチス PW-8（1923年）

1916年より単発単座戦闘機の開発を始めたカーチス社は、1923年1月、前年のエア・レース用に製作した「R-6」の経験を多く採り入れた、自社製D-12液冷エンジンを搭載するXPW-8を自主製作して初飛行させた。テストにて最大速度272km/hの高速を示したことから陸軍航空班に採用され、計25機の生産を受注することに成功する。

しかしエンジンの信頼性がいまひとつだったこ

とから、PW-8はそれ以上の生産受注を得ることは叶わなかった。

XPW-8（1号機）　　　●諸元/性能

全幅：9.75m、全長：6.85m、全高：2.64m、自重：852kg、全備重量：1,262kg、エンジン：カーチスD-12液冷V型12気筒（440hp）×1、最大速度：272km/h、航続時間：2時間48分、武装：7.62mm機銃×2、又は7.62mm、12.7mm機銃各1、爆弾：──、乗員：1名

ボーイング PW-9（1923年）

MB-3Aの量産をこなしたことで、陸軍航空とのコネをつくることに成功したボーイング社は、カーチス社のXPW-8とほぼ時期を同じくして、社内名称「モデル15」と称する単座戦闘機を自主開発。1923年4月に初飛行させた。

最大速度はXPW-8に比べ少し劣ったものの、操縦、安定性などが良好で、XPW-9の名称で原型機3機と、それに続く生産型PW-9A、C、D

型計111機の量産受注を得た。1926年6月から量産機の納入が始まり、1929年頃まで使われた。

PW-9　　　●諸元/性能

全幅：9.77m、全長：6.95m、全高：2.64m、自重：982kg、全備重量：1,369kg、エンジン：カーチスD-12液冷V型12気筒（430hp）×1、最大速度：265km/h、航続時間：2時間35分、武装：7.62mm機銃×2、爆弾：：──、乗員：1名

カーチス O-1 ファルコン（1924年）

O-1E

大戦終結から6年後の1924年末、陸軍航空班は旧式化したDH-4B、-4Mの後継機とするべき、次期新型観測機の競争試作を提示し、カーチス、ダグラス両社に発注した原型機XO-1、およびXO-2の比較審査を行なった。搭載したエンジンは両機とも同じで、当初はリバティー、その後パッカードIA-1500に換装した。XO-1はXO-2に比べて機体はひとまわり小さく軽かったので、飛行性能では勝ったが、当局はまずXO-2のほうを採用した。

しかしXO-1もエンジンを自社製のD-12（430hp、のちにV-1150と改称）に換装した型が採用され、1925年以降O-1、-1B、-1E、-1G、さらにはリバティーエンジンに戻したO-11×66機、カーチスV-1570エンジンに換装したO-39×10機を含め、1931年までに合計178機もつくられた。そして、これら各型がO-2とともに観測飛行隊兵力の中核を担うことになる。

さらにファルコン・シリーズには、左右下翼内に7.62mm機銃各1挺を追加して射撃兵装を強化した攻撃機型もあり、O-1BをベースにしたA-3が74機、O-1EをベースにしたA-3Bが78機もつくられており、1920年代後半から1930年代はじめにかけての陸軍航空隊（U.S.Army Air Corps 1926年7月2日付けで発足）におけるカーチス社の存在感はきわめて大きかった。

O-1E ●諸元/性能

全幅:11.58m、全長:8.27m、全高:3.20m、自重:1,325kg、全備重量:1,971kg、エンジン:カーチスV-1150-5 液冷V型12気筒（435hp）×1、最大速度:226km/h、航続距離:約1,000km、武装:7.62mm機銃×4、爆弾:——、乗員:2名

A-3

ダグラス O-2 (1924年)

O-2

　1924年末から翌1925年はじめにかけての、次期新型観測機の競争試作にカーチス社のXO-1とともに臨んだのがダグラス社のXO-2である。本機は、ほぼ同時期に開発されていた民間向けの長距離機「ワールドクルーザー」、及び海軍向けの雷撃機DTの基本設計を踏襲したもので、実用性の良さを買われ、XO-1に先んじて採用され、1925年2月から最初の発注分O-2×46機の納入が始まった。

　その後はO-1と同様に改良を加えたO-2AからO-2Hまでの各型が計202機つくられた他、複操縦装置付の練習機型O-2K（のちにBT-1と改称）が60機、さらにエンジンを空冷のP&W R-1340（450hp）、同R-1690（525hp）に換装して名称変更したO-22、O-32、O-38などが200機以上、O-2Kから発展したBT-2系が200機以上と、O-1系を凌ぐ量産発注を獲得した。

　これら、陸軍航空隊向けの各型とは別に、O-38をベースにした輸出型O-2MCが、中華民国からのオーダーで計82機つくられ、1930年から1936年までの間に納入されて、翌年7月に勃発した日中戦争にて日本軍と戦火を交えた。

　陸軍航空隊から最後のBT-2が引退したのは、実に1940年代はじめのことで、O-2系は異例の長寿機となった。

O-2　　●諸元/性能

全幅：12.09m、全長：9.01m、全高：3.30m、自重：1,375kg、全備重量：2,170kg、エンジン：リバティーV-1650-1 液冷V型12気筒（439hp）×1、最大速度：206km/h、航続距離：644km、武装：7.62mm機銃×2〜3、爆弾：——、乗員：2名

O-38F

スペリー M-1 メッセンジャー（1924年）

陸軍航空技術部のアルフレド・バーベル技師は、地上軍の伝令兵が使用するオートバイの代わりに、超小型の簡易飛行機を使えばより迅速な命令／掲示伝達が可能になると着想。スペリー社に設計を委託して1924年に完成させたのがM-1。

テストの結果、当局もその価値を認め、改良型のM-1Aを含め計62機調達した。飛行船に吊り下げて空中発進するテストも行なわれたが、現実的とは言い難く普及しないまま終った。

M-1　　　　　　　　●諸元/性能
幅：6.09 m、全長：5.40m、全高：2.05m、自重：282kg、全備重量：391kg、エンジン：ローレンスL-4 空冷星型3気筒（60hp）×1、最大速度：155.6 km/h、航続距離：——、武装：——、爆弾：——、乗員：1名

ローニング OA-1/OA-2（1924年）

OA-1C

第一次世界大戦中から海軍機の製造に携わっていたローニング社は、1923年にOLの型式名称を冠する水陸両用観測機を完成させ、採用された。このOLを一部手直しし、翌1924年には陸軍向けのXCOA-1を製作。こちらも採用され、生産型OA-1 15機、OA-1B 9機、OA-1C 10機、さらには空冷エンジンに換装したOA-2が1929年以降8機つくられた。

これら各機は主に海外、および中央アメリカ駐留の観測／救難飛行隊に配備された。

OA-1　　　　　　　　●諸元/性能
全幅：13.71m、全長：10.54 m、全高：3.68m、自重：1,560kg、全備重量：2,272kg、エンジン：リバティーV-1650-1 液冷V型12気筒（428hp）×1、最大速度：191.5km/h、航続距離：560km、武装：7.62mm機銃×3、爆弾：——、乗員：2名

コンソリデーテッド PT-1〜O-17（1923年）

PT-3A

　1923年に創立されたコンソリデーテッド社が最初に手掛け、且つベストセラーを記録した機体、それがPT-1からPT-11に至る一連の初歩練習機である。

　本機はもともとデイトン・ライト社が手掛けたTW-3を原型としており、その並列式座席配置をタンデム式複座に手直しするなどの改設計を加え、開発を引き継いだものだ。生産期間は10年以上に及び、航空隊用の観測機仕様O-17を含め、計735機もつくられた。

PT-13A　●諸元/性能
全幅：10.51m、全長：8.55m、全高：3.12m、自重：809kg、全備重量：1,125 kg、エンジン：ライトJ-5（R-790-AB）空冷星型9気筒（220hp）×1、最大速度：164km/h、航続時間：3.7時間、武装：——、爆弾：——、乗員：2名

フォッカー C-2〜C-7（1925年）

C-2

　オランダのフォッカー社が、民間向けに三発高翼型の旅客機として売り出したFⅦb/3m は、1925年当時としては画期的とも言える優秀機で、その高評価に着目したアメリカ陸軍も、3機を購入し人員、および貨物輸送機としての適応性をテストした。

　結果は上々で、ただちにC-2の名称で採用し、改良型のC-2A、C-5、C-7Aを含め計18機を調達。アメリカ本土内、およびカルフォルニア州とハワイ間の要人輸送などに使用した。

C-2A　●諸元/性能
全幅：22.61m、全長：14.73m、全高：4.11m、自重：2,951kg、全備重量：4,714kg、エンジン：ライトR-790 空冷星型9気筒（220hp）×3、最大速度：181.6km/h、航続距離：476km、武装：——、爆弾：——、乗員/乗客：2名/10名

キーストーン B-3～B-6 パンサー（1926年）

B-3A

　のちに、アメリカ陸軍大型爆撃機メーカーの象徴的存在となるボーイング社が台頭する前の、1920年代後期の複葉爆撃機時代を牽引していたメーカーのひとつがキーストーン社であった。

　同社の前身であるハッフ・ダランド社は、1923年にLB-1と称する単発軽爆撃機9機を納入して実用テストを受けたが、当局は単発形態を不適と判定し、改めて双発形態に再設計した原型機XLB-3の製作を発注した。

　テスト結果は上々で、生産型はLB-5の名称で10機、さらに主翼、尾翼、エンジン取付位置など各部に改修を加えたLB-5A（25機）、LB-6（17機）、LB-7（18機）、LB-10A（63機）が1930年にかけて次々と生産された。

　1930年、当局はそれまでのLB（軽爆撃機）、HB（重爆撃機）のカテゴリー区別を廃止し、爆撃機を示す「B」の接頭記号に統一することを決めた。当時生産中だったのはLB-10Aのみだったので本型が新たにB-3Aと改称、その後1932年にかけてB-4A（25機）、B-6A（39機）がそれぞれ追加発注、製作され、キーストーン複葉双発爆撃機シリーズの開発は終焉した。なお、この他1930年までの間に、LB-8、LB-9、LB-10、LB-11、LB-11A、LB-12と称した原型機が各1機ずつ試作されている。

B-3A ●諸元/性能

全幅：22.75m、全長：14.88m、全高：4.80m、自重：3,494kg、全備重量：5,875kg、エンジン：P&W R-1690-3 空冷星型9気筒（525hp）×1、最大速度：183.5km/h、航続距離：1,384km、武装：7.62mm機銃×3、爆弾：1,134kg、乗員：5名

B-3A

エリアス XNBS-3 （1924年）

マーチンNBS-1の後継機を得る目的で、エリアス、カーチス両社に原型機製作が発され、それぞれXNBS-3、XNBS-4の名称を与えられ、1924年夏に比較テストをうけた。

両機とも同じエンジンを搭載し、外観も性能も似たような複葉機で、水平尾翼も複葉にしていた点が特徴だった。しかし両機ともに最大速度がNBS-1とほとんど同じ161〜162km/hで、コストパフォーマンス的に際立った優越性は示せず、ともに不採用となった。

XNBS-3　●諸元/性能

全幅：23.62m、全長：14.75m、全高：5.13m、自重：3,995kg、全備重量：6,505kg、エンジン：リバティー12A 液冷V型12気筒（425hp）×2、最大速度：162km/h、航続距離：780km、武装：7.62㎜機銃×5、爆弾：767kg、乗員：4名

カーチス B-2 コンドル （1927年）

1926年に提示された、次期新型重爆撃機の競争試作に応じ、キーストーン社のXB-1と採用を争い勝利したのがカーチス社のXB-2である。両機とも木金混成骨組に羽布張り外皮の、当時の一般的構造だったが、XB-2のほうが性能的に少し上まわり、両エンジンナセル後部に連装防御銃座を備えるなど、新しい試みが評価された。

もっともB-2の製造コストはかなりの割高となり、当局からは12機の生産発注のみにとどまった。部隊への配備開始は1929年5月からである。

B-12　●諸元/性能

全幅：27.43m、全長：14.47m、全高：4.95m、自重：4,100kg、全備重量：7,491kg、エンジン：カーチスV-1570-7 コンカラー 液冷V型12気筒（633 hp）×2、最大速度：212.5km/h、航続距離：1,255km、武装：7.62㎜機銃×5、爆弾：1,137kg、乗員：5名

カーチス P-1〜P-23 ホーク（1925年）

P-1D

　自主開発の単座戦闘機XPW-8が、当局から25機の生産発注を得たことに意を強くしたカーチス社は、主翼の翼間支柱を2本に減じ、尾翼を再設計するなどした改良型のXPW-8Bを提示。本型も15機発注を獲得、1925年3月からP-1の制式名称で生産に入った。従来までの単座戦闘機を示す接頭記号PW（液冷エンジン機）、又はPA（空冷エンジン機）を、シンプルな「P」に統一することに改め（1924年5月付）てからの記念すべき最初の機体になった。

　もっとも、当時はアメリカとて軍事予算は緊縮下にあり、P-1は各部を改修しつつP-1A（25機）、P-1B（25機）、P-1C（33機）と小出しの発注となり、1929年までに合計98機の生産にとどまった。その後、これらのうち41機がエンジンを換装して練習機となり、それぞれP-1D,E,Fと改称した。

　アメリカは、のちの第二次世界大戦にて他国では真似のできない、排気タービン過給器装備の戦闘機（P-38、P-47）、爆撃機（B-17、B-24、B-29）の実戦投入を果たしたが、その研究、実験は1920年代から地道に続けられていた。

　P-1もその搭載実験機の対象となり、最初は

P-5

P-6E

P-1の最後の生産機5機を改造してP-2、さらにエンジンを換装したうえで5機が改造されP-5と改称した。しかし排気タービン過給器自体が試作段階のため、テストの結果も芳しくなく、一部が部隊配備されて実験的に使われたのみに終った。

P-5までのV-1150系エンジンを新型の自社製V-1570液冷V型12気筒（600hp）に換装したのがXP-6で、1928年10月に生産型P-6として18機発注（うち8機はP-6Aとなる）され、第27追撃飛行隊に配備された。なおP-6,P-6Aもまた、1932年にはF-2F型排気タービン過給器装備に改造され、P-6Dと改称する。

その排気タービン過給機を装備せず、プロペラを2翅から3翅に変更、主脚を洗練するなどの改修を加えた型がP-6Eで、1931年7月に計46機発注され、翌1932年末までに45機が引き渡され、第17、および第34追撃飛行隊に配備されて1937年まで使われた。

P-1ホーク系の発達史の最後に位置したのがXP-23で、排気タービン過給器併用のV-1570-23エンジンを搭載し、胴体を全金属製半張殻式構造に刷新するなどの意欲作だった。原型機は1932年4月に引き渡され、354km/hの高速を誇ったが、生産発注はなされなかった。

P-1ホーク系は、1920年代後半から1930年代前半にかけての陸軍戦闘機隊を支える重要な存在ではあったが、ライバルのボーイングP-12に比べて運動性がやや劣ったせいか、生産数は同機の各型計365機に対し同167機と少ない。

| **P-1** | ●諸元/性能 |

全幅：9.62m、全長：6.95m、全高：2.61m、自重：933kg、全備重量：1,290kg、エンジン：カーチスV-1150-1　液冷V型12気筒（435hp）×1、最大速度：262km/h、航続距離：523km、武装：7.62mm機銃×1、12.7mm機銃×1、爆弾：——、乗員：1名

XP-23

ボーイング P-12（1928年）

P-12B

PW-9とその海軍版FB-1／-2の成功で、戦闘機開発メーカーとしての地歩を固めたボーイング社は、1928年に社内名称「モデル83」および同89と称した2種の複葉単発戦闘機を自主製作して海軍に売り込んだ。

そのテスト結果をうけて採用が決定し、F4B-1の名称で27機生産発注を獲得する。そして、本機の好評を聞いた陸軍当局もP-12の名称を与えて採用。原型機の製作およびそのテストは省略し、9機を生産発注した。

この頃、カーチス社のP-1ホーク系がすでに就役していたが、F4B/P-12系はP&W社の空冷9気筒エンジンR-1340系（450〜500hp）を搭載したせいもあって、機体重量が150kgほど軽く、当時の複葉戦闘機の優先項目だった旋回性能面で勝ったことが、当局に好印象を与えた。

P-12とF4Bの相違は基本的に艦上機としての装備の有無だが、搭載エンジンのサブ・タイプや諸装備などに相応の違いはあった。

P-1系に比べて設計年度が2〜3年新しいということもあるが、F4B/P-12は当時の複葉戦闘機として進歩的な発想を多く採り入れていた。補助翼と尾翼は一般的な羽布張り外皮ではなく、水圧プレス鋳型を用いて製造するジュラルミン製の波状鈑にしており、F4B-3/P-12E以降の胴体は完全に再設計されて、全金属製の半張殻式構造に変わっている。さらに、当初から装備していた落下式の増設燃料タンクも、世界に先駆けた着想であった。

F4B-1およびP-12Bの途中まではエンジンがむき出しのままだったが、それ以降は「タウネンド・リング」と称したカウリングが被せられて空力的

P-12D

P-12D

にも洗練された。

F4Bの場合、主たる配備先が航空母艦ということもあり、当時の海軍が保有し得た4隻（うち1隻は訓練用）という現状では需要が少なく、各型計186機の少数生産にとどまった。それとは対照的に、P-12は最初の9機に続き、B型90機、C型86機、D型35機、E型110機、F型25機の計365機が生産された。

なお、この他F4B-3とP-12Eを折衷したような輸出仕様の、社内名称「モデル256」および同267型と称するタイプが計23機、ブラジル政府からのオーダーで生産され、1932～33年にかけて引渡されている。

F4B/P-12の部隊配備のピークは1935年頃だったが、F4Bは1937年を最後に第一線を退き、

P-12も同年から就役を始めた全金属製単葉引込脚形態のP-35、および翌1938年から就役したP-36と順次交替した。

もっとも第一線を退いたP-12Eの一部は、練習機、射撃訓練用標的曳航機などとして現役にとどまった。太平洋戦争開戦直後、フィリピンのミンダナオ島を攻略した日本軍により、マライバイ秘匿飛行場にて1機のP-12Eが鹵獲されたことが確認できる。

P-12E ●諸元/性能

全幅：9.14m、全長：6.22m、全高：3.15m、自重：914kg、全備重量：1,225kg、エンジン：P&W R-1340-17 ワスプ 空冷星型9気筒（500hp）×1、最大速度：304km/h、航続距離：941km、武装：7.62mm 機銃×2、爆弾：111kg、乗員：1名

P-12E

ステアマン PT-13〜PT-27 ケイデット （1933年）

PT-13

1933年12月、ステアマン社は社内名称「X70」と称する小型の単発複座複葉固定脚機を自主開発して初飛行させ、いわゆる初等練習機として陸海軍当局に売り込んだ。その結果、翌1934年3月にまず海軍がNS-1の名称で採用し、61機を生産発注した。

陸軍も少し遅れて1936年初めにPT-3の名称で採用し、26機を生産発注した。本機は設計、性能上際立って優れていた訳ではなかったが、操縦安定性が極めて良好で扱い易く、パイロットの卵たちが初めて乗る練習機として最適の機体だった。

第二次世界大戦勃発による需要急増があり、その後はエンジン換装、装備変更するなどした型がPT-13A、-13B、-13D、PT-17、-18、-27の名称で次々に生産発注され、陸軍向けの総数は4,695機、海軍、および輸出仕様と合わせた累計生産数は実に10,346機という空前のベストセラー機になった。

戦後、用済みとなった多くの機体が民間に払い下げられ、各種用途に使われて一般にも広く知られた。

なお、ステアマン社は1938年4月大手メーカーのボーイング社に吸収され、その一部門となったため、ケイデット・シリーズはボーイング・ステアマンと表記される場合も多い。

PT-13D ●諸元/性能

全幅:9.80m、全長:7.54m、全高:2.94m、自重:878kg、全備重量:1,232kg、エンジン:ライカミング R-680-17 空冷星型9気筒(220hp)×1、最大速度:200km/h、航続距離:813km、武装:――、爆弾:――、乗員:2名

PT-17

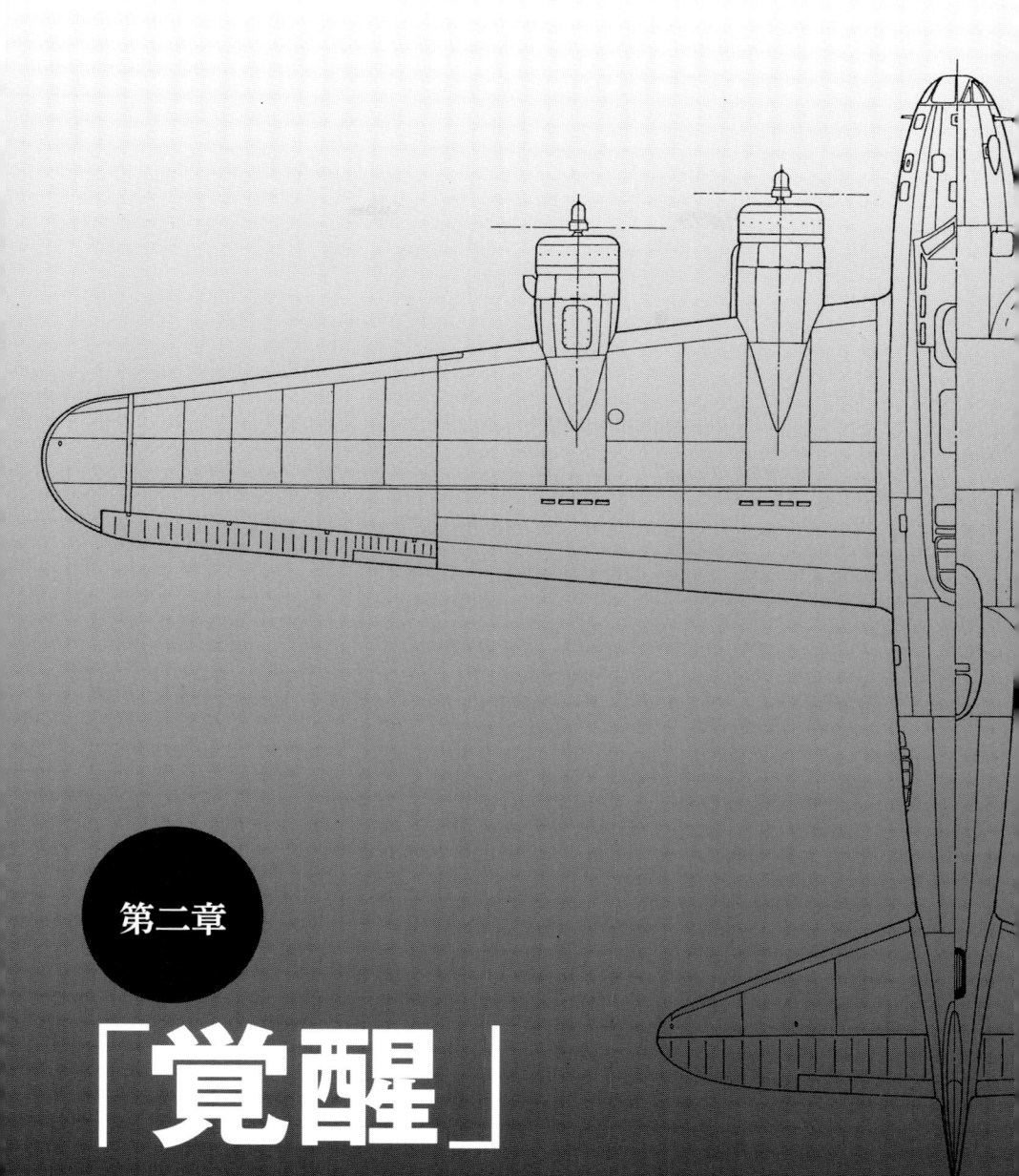

第二章

「覚醒」

戦間期後半〜第二次大戦直前期

1933年〜1939年

ボーイング P-26 "ピーシューター" (1932年)

XP-936 (Y1P-26)

　F4B/P-12が陸海軍共用の戦闘機として採用され、多くの生産発注を得て潤ったボーイング社は、1931年9月にその後継機を目指した社内名称「B-248」の自主開発に着手し、翌1932年3月には原型機が初飛行するという手際のよさを見せた。

　本機は時代の趨勢に沿った全金属製単葉形態を採っていたが、軽量化を図るのと新形態への構造上の不安もあり、主翼は胴体と主脚から伸ばした張線で補強し、その主脚も固定式のうえ、見るからに空気抵抗が大きそうな"ズボン型スパッツ"で覆うという、従来までの複葉機設計概念から脱却しきれていない部分も混在していた。

　だが、搭載したP&W社のR-1340空冷エンジン（525hp）の高出力と、複葉形態に比べれば格段

の空気抵抗減少が図れたこともあり、テストでは365km/hの高速と、初期上昇率701m/分、実用上昇限度8,473mという、F4B/P-12を大きく凌ぐ性能を示した。

　このテスト結果をうけ、当初から開発に関心を示しエンジン、装備品を供与するなどして支援していた陸軍航空隊は、いくつかの改修を施した社内名称「B-266A」を、R-26Aの制式名称で採用。1933年1月に計111機の生産発注を出し、これらは翌1934年1月から6月末までの間に全て納入された。

　その後、エンジンを燃料噴射式のR-1340-33（600hp）に換装し、内部艤装を変更するなどしたP-26Bが25機生産発注（うち23機はP-26Cとし

P-26A

P-26A
愛称の"ピーシューター"は
「豆鉄砲」の意。

て完成）されたものの、それ以上の発注はなく、P-12ほどの待遇は受けられなかった。その背景には、完全片持式主翼と引込式主脚を採用した"真の近代的全金属製単葉形態機"セバスキーSEV-1XP、カーチス「ホーク75」を含めた、競争試作が具体化しつつあったためである。

それでも、P-26はアメリカ本土内の他、ハワイ、中央アメリカのパナマ、さらに1940年末にはフィリピンに駐留する第3追撃飛行隊に配備され、P-35,P-36,P-40とともに、戦闘機兵力の一翼を担った。そのフィリピンでは、1941年12月7日（アメリカ時間）、太平洋戦争勃発の日の日本海軍機による空襲時にも、一部のP-26が果敢に迎撃し、一式陸攻の撃墜を報じたとされる。しかし残存のP-26はその後の空襲ですべて破壊され、本機にとっての唯一の実戦記録は終焉した。

なお、P-26Aに準じた輸出型が、1936年1月までに中華民国に11機、スペインに1機輸出されている。

P-26A ●諸元/性能

全幅:8.50m、全長:7.18m、全高:3.04m、自重:996kg、全備重量:1,340kg、エンジン:P&W R-1340-27空冷星型9気筒(500hp)×1、最大速度:377km/h、航続距離:1,022km、武装:7.62mm機銃×2、又は7.62mm、12.7mm機銃×各1、爆弾:90kg、乗員:1名

P-26A

ダグラス XB-7（1931年）

Y1B-7

1930年度の次期新型爆撃機競争試作に応じ、ボーイング社のXB-9と採用を争ったのが、ダグラス社のXB-7。全金属製単葉引込脚の意欲作ではあったが、その特異な外観からも察せられるように、並行して開発されていた観測機O-35の機体設計を流用したため、下方視野を重視した故のガル翼形態主翼と、吊り下げ型エンジンナセルなどが古めかしかった。

1931年に原型機が初飛行し、引き続き7機の実用試験機Y1B-7が発注されたものの、テストの結果は不採用だった。

Y1B-7	●諸元/性能
全幅：19.81m、全長：14.00m、全高：3.53m、自重：3,411kg、全備重量：4,515kg、エンジン：カーチス V-1570-C コンカラー 液冷V型12気筒（600hp）×2、最大速度：293㎞/h、航続距症：1,017km、武装：7.62㎜機銃×2、爆弾：544kg、乗員：4名	

ボーイング XB-9（1931年）

XB-9

ダグラス社のXB-7とともに、1930年度次期新型爆撃機競争試作に応じて開発されたのがXB-9。のちに爆撃機メーカーの盟主となるボーイング社にとって、その記念すべき第一作だった。全金属製低翼単葉引込脚形態で、胴体はすっきりとしたモノコック式構造を採るなど、XB-7に比べると明らかに進歩した設計で、爆弾搭載量も2倍近く多かった。

しかし、すぐあとに開発されたマーチン社のXB-907が本機以上に優れた出来を示したため、XB-7ともども不採用になった。

Y1B-9A	●諸元/性能
全幅：23.41m、全長：15.84m、全高：3.65m、自重：4,055kg、全備重量：6,319kg、エンジン：P&W R-1860-11 空冷星型9気筒（600hp）×2、最大速度：302km/h、航続距離：869km、武装：7.62㎜機銃×2、爆弾：1,026kg、乗員：5名	

ダグラス C-21、C-24、OA-3、OA-4（1932年）

Y1C-21

1930年、ダグラス社が民間向けの水陸両用双発旅客機として完成させた「シンバット」と、その生産型「ドルフィン」には陸軍当局も興味を示し、人員輸送用機としてC-21、およびC-26の名称でそれぞれ8機、2機を調達した。そして1932年よりハワイ方面などに配備した。収容人数は7〜8名である。

その後、エンジンを換装するなどしたY1C-26A 8機、C-26B 6機が追加発注されたが、1934年にかけて乗員4名の観測機に改修され、前記C-12、C-26も含め、それぞれOA-3、OA-4A.OA-4A、OA-4Bと改称した。

C-21	●諸元/性能
全幅：18.28m、全長：13.36m、全高：4.29m、自重：2,658kg、全備重量：3,893ks、エンジン：ライトR-975E 空冷星型9気筒（300hp）×2、最大速度：225km/h、航続距離：885km、武装：——、爆弾：——、乗員：2名/乗客：7名	

ダグラス O-43（1931年）

O-43A

O-2シリーズで陸軍観測機メーカーとして地歩を固めたダグラス社が、その後継機を目指し1930年12月に初飛行させたのがXO-31。だが、全金属製単葉形態を採ったものの特異な上翼配置のガル翼が災いして実用試験機Y1O-31を含め、8機製作にとどまった。

そのY1O-31の主翼をパラソル翼形態に改めたのがO-43で、当局から24機、さらにエンジンを空冷P&W R-1535-7（725hp）に換装したO-46が90機生産発注され、後者は太平洋戦争勃発当時までフィリピン駐留の第2観測飛行隊で現役にあった。

O-43A	●諸元/性能
全幅：13.99m、全長：10.34m、全高：3.71m、自重：1,876kg、全備重量：2,404kg、エンジン：カーチスV-1570-59 液冷V型12気筒（675hp）×1、最大速度：306km/h、航続距離：約700km/h、武装：7.62mm機銃×2、爆弾：——、乗員：2名	

カーチス A-8/A-12 シュライク（1931年）

A-12

1930年度の陸軍航空隊攻撃機近代化計画に沿い、フォッカー社のXA-7と採用を争い、勝者となったのがカーチス社のXA-8。全金属製単葉という基準は満たしていたものの、主翼は片持式ではなく支柱と張り線で強度を確保、主脚は大仰なズボン型スパッツで覆った固定式という過渡的な設計だった。

実用試験機Y1A-8は13機製作されたが、生産型はエンジンを自社製液冷V-1570から空冷ライト R-1820に換装してA-12と改称し、計46機生産発注されて1933年12月から就役開始。太平洋戦争勃発当時も、ハワイに9機が在籍していた。

A-12	●諸元/性能
全幅：13.41m、全長：9.82m、全高：2.84m、自重：1,768kg、全備重量：2,676kg、エンジン：ライト B-1820-37 空冷星型9気筒（690hp）×1、最大速度：281km/h、航続距離：821km、武装：7.62mm機銃×5、爆弾：181kg、乗員：2名	

コンソリデーテッド PB-2（1932年）

両大戦間にアメリカ陸軍が実用配備した唯一の単発複座戦闘機、そして排気タービン過給器を備えた最初の量産戦闘機となったのがPB-2である。その誕生までの経緯は複雑で、原設計は民間旅客機、そして攻撃機への転用も含めた再三の仕様変更を繰り返し、1934年になってようやくP-30の名称で50機生産発注を獲得した。

就役開始後にPB-2と改称したが、複座という ことで重量過大は否めず、戦闘機としての運用には少々無理があったようだ。

PB-2A	●諸元/性能
全幅：13.38m、全長：9.14m、全高：2.51m、自重：1,953kg、全備重量：2,559kg、エンジン：カーチス V-1570-61 液冷V型12気筒（700hp）×1、最大速度：441km/h、航続距離：817km、武装：7.62mm機銃×3、爆弾：——、乗員：2名	

マーチン B-10 (1932年)

B-10B

陸軍航空隊にとっての最初の全金属製単葉爆撃機を得るべく、ダグラスXB-7、ボーイングXB-9の競争試作が行なわれたが、これに参画できなかったマーチン社は、少し遅れて社内名称「モデル123」と称した機体を自主開発し、1932年に完成させた。

機体は、上、下面に波状外鈑を使用した半張殻式構造の胴体と、すっきりした外形のテーパー主翼を組み合わせ、乗員席の全てを密閉キャノピーで覆う進歩的設計だった。

本機に注目した当局は、「XB-907」の名称で納入させてテストを行ない、全ての面でXB-7、XB-9を凌ぐことが確認されると、この両機を差し置いてB-10の名称で採用。実用試験機YB-10、生産型B-10を経て、1934年には主力型B-10Bを103機生産発注した。

もっともB-10が陸軍航空隊内で厚遇されていた期間はそう長くはなく、革新の四発重爆B-17の登場と、双発の後継機B-18の生産発注後には輸出用機に"降格"させられてしまった。

YB-10に準じた輸出仕様は、社内名称「モデル139」と称し、オランダ（117機）、アルゼンチン（25機）、トルコ（20機）、中華民国（9機）などからオーダーを獲得し、"本家"アメリカ陸軍航空隊への納入数計155機を上まわる、合計189機もの多くがつくられた。

B-10B ●諸元/性能

全幅：21.48m、全長：13.63m、全高：4.69m、自重：4,391kg、全備重量：7,439kg、エンジン：ライトR-1820-33サイクロン 空冷星型9気筒（775hp）×2、最大速度：342km/h、航続距離：1,996km、武装：7.62mm機銃×3、爆弾：1,025kg、乗員：4名

B-10B

ダグラス C-32～C-39（1934年）

C-33

乗客12名以上を収容可能とし、民間旅客機界の大量輸送時代を切り開いた、ダグラス社の傑作DC-2は、アメリカ陸、海軍も人員輸送機として採用。陸軍ではC-33の名称で18機調達したのを皮切りに、後部同体左側に貨物扉を追加したC-39を32機生産させた他、太平洋戦争勃発後に民間航空機会社が保有していたDC-2を24機微庸し、C-32Aの名称で使用した。

その他、C-39を高官輸送機型としたC-41とC-42が各1機ずつ製作されている。

C-39	●諸元/性能
全幅：25.90m、全長：18.74m、全高：5.68m、自重：6,681kg、全備重量：9.525kg、エンジン：ライトR-1820-55 空冷星型9気筒（975hp）×2、最大速度：338km/h、航続距離：2,575km（最大）、武装：——、爆弾：——、乗員：2名/乗客：16名	

ノースロップ A-17、A-33（1933年）

A-17A

民間向けの単発小型旅客機「ガンマ」および「デルタ」の開発を通して、全金属製単葉形態機の設計に自信を持ったノースロップ社が、自主開発の攻撃機「モデル2-C」を初飛行させたのは1933年8月。本機に注目した陸軍はYC-13の名称を与えてテストを実施、その結果が上々だったことから、生産型A-17が110機、さらにエンジンをライトR-1820からP&W R-1535に換装したA-17Aが129機発注され、1935年8月から就役した。

その他、輸出仕様のA-33が計31機、ペルー政府からのオーダーで生産された。

A-17A	●諸元/性能
全幅：14.55m、全長：9.65m、全高：3.65m、自重：2,316kg、全備重量：3,421kg、エンジン：P&W R-1535-13空冷星型9気筒（825hp）×1、最大速度：354km/h、航続距離：1,178km、武装：7.62mm機銃×5、爆弾：181kg、乗員：2名	

セバスキー P-35 （1933年）

P-35A

　祖国の社会主義革命を嫌ってアメリカに帰化した2人のロシア人、アレキサンダー・セバスキーとアレキサンダー・カルトベリが、社主と主任技師として牽引した会社が、1931年創立のセバスキー一社であった。

　同社は、1935年度の陸軍次期新型戦闘機の競争試作に、当初自主開発の複座型SEV-2XPで参画。その後単座に改めたSEV-1XP、さらにエンジン換装などの措置を施したSEV-7に仕様変更しつつ審査をうけた。

　本機は、片持式低翼単葉引込脚の形態を採ってはいたが、原型の複座仕様をそのまま継承した長いキャノピーを持つなど、空力的に未消化の感もあった。だがライバル機の不振もあって採用を勝ち取り、1936年6月、P-35の名称で77機生産発注された。

　しかしそれ以上の発注はなく、スウェーデン向け輸出仕様のEP-1 120機のうちの60機が、陸軍航空隊に引き取られてP-35Aの名称を付与されて使われた他、日本海軍向けに複座化した2PA-B3が20機輸出されたのみ。

P-35A　　　　　　　●諸元/性能

全幅：10.97m、全幅：8.17m、全高：2.97m、自重：2,075kg、全備重量：3,049kg、エンジン：P&W R-1830-45 空冷星型複列14気筒（1,050hp）×1、最大速度：467km/h、航続距離：1,529km、武装：7.62mm機銃×2,12.7mm機銃×2、爆弾：158kg、乗員：1名

RP-35

ノースアメリカン BC-1/T-6 テキサン（1935年）

AT-6

アメリカ陸、海軍のみならず、大戦中から戦後にかけて約40ヶ国!!にも及ぶ各国で使用され、実に15,000機以上という空前の生産数を記録した、レシプロ練習機史上最高の傑作機と言えるのがBC-1／T-6シリーズである。愛称「テキサン」（テキサスの人という意味）は、主力生産工場が所在したテキサス州に由来する。

BC-1/T-6のルーツは、ノースアメリカン社が自主開発し1935年4月に初飛行させた、社内名称「NA-16」まで遡る。本機は胴体が鋼管骨組みに羽布張り外皮構造で、複座の前後席は開放式という古めかしい設計だったが、陸軍が領収してテストしたのち、密閉式キャノピー、主脚覆などの追加を条件にBT-9の名称で42機生産発注がなされた。BTはBasic Trainer――基本練習機を示す記号である。

練習部隊における評価は上々で、その後胴体を1.27m延長したBT-9Aが40機、射撃兵装を省いたBT-9Bが117機、同仕様の予備役配備型BT-9Cが67機、胴体を金属製セミ・モノコック式に変更したBT-14が251機追加発注された。

本機の好評ぶりに海軍も着目し、BT-9をNJ-1の名称で採用、フランス政府からはBT-9B、およびBT-14の輸出仕様をそれぞれ230機ずつ生産受注するなど、引く手あまたの状況を呈した。

実戦機の性能向上にあわせ、BTシリーズも近代化が図られ、主脚を引込式に変更するなどした社内名称NA-36は、新たなカテゴリーBasic Combat（基本戦闘）の接頭記号を冠したBC-1、およびBC-1Aが計177機発注され、1938年より就役した。

ヨーロッパで第二次世界大戦が勃発すると、陸、海軍からの発注はさらに増加したため、1940年に

BC-1

AT-6

BCおよびSNJ（海軍）の要求仕様を統一した共用化が図られ、陸軍向けの名称はAT-6に変更された。接頭記号のATはAdvanced Trainer——高等練習機の略である。

旧BC-1AがAT-6と改称したあと、共用化を図ったAT-6Aが517機、AT-6Bが1,400機、アルミニウム合金不足に対処し、尾翼、乗員室床、さらに胴体後部などを木製化したAT-6Cが2,970機と発注数は年を追って急増。これらの生産は新たに建設されたテキサス州ダラスの工場で行なわれ、次のAT-6Dは実に4,388機もの膨大な数を送り出した。そのうちの多くがイギリスをはじめとした各国にも供与されたことから、連合国側の標準練習機の感を呈した。

そして後席の機銃を撤去した純練習機型のAT-6Fが956機つくられたところで、テキサンの生産にようやく終止符が打たれた。

大戦終結後もなお2,000機以上が在籍していたAT-6各型は、各部を改修して寿命延長化が図られ、名称をT-6Gに改めたのちに、朝鮮戦争、さらにはベトナム戦争にもFAC（前線航空管制）機として参加。異例の長寿機ぶりを発揮した。

AT-6A ●諸元/性能

全幅:12.80m、全長:8.83m、全高:3.58m、自重:1,769kg、全備重量:2,338kg、エンジン:P&W R-1340-49 空冷星型9気筒（600hp）×1、最大速度:338km/h、航続距離:1,012km、武装:7.62mm機銃×2、爆弾:——、乗員:2名

T-6G

カーチス P-36 ホーク（1935年）

Y1P-36

ボーイングP-12、P-26と二代続けて主力戦闘機の座を同社に独占されたカーチス社は、P-26の後継機を意図し、1934年夏に社内名「モデル75」と称した全金属製単葉引込脚機を自主設計した。そして、翌1935年5月に次期新型戦闘機の競争試作を行なうという、当局からの通知に応え、急いで原型機の製作に着手。同年5月17日に初飛行を果たした。

しかし設計的に他社機より優れてはいたものの、エンジン・トラブルなどの理由で制式採用はセバスキー社のSEV-7（P-35）に奪われてしまう。だが、当局はモデル75の優秀性は認めており、P&W R-1830エンジンに換装した実用試験機YIP-36×3機を発注し、改めて審査を行なった。

その結果、P-35を凌ぐ性能が確認され、1937年7月にP-36Aの型式名で採用、P-35の3倍近い計210機という、一度の発注としては当時最多の生産を獲得し、面目を施した。海外からも「ホーク75」と称した輸出仕様のオーダーが相次ぎ、その合計数は"本家"のそれを大きく上まわる825機に達した。

太平洋戦争勃発当時、ハワイ駐留第46追撃飛行隊の4機が迎撃に上がり、日本海軍九七式艦攻2機の撃墜を報じたのが、P-36として唯一の実戦記録だった。

P-36A ●諸元/性能

全幅：11.37m、全長：8.68m、全高：3.70m、自重：2,071 kg、全備重量：2,726 kg、エンジン：P&W R-1830-13 ツインワスプ 空冷星型複列14気筒（1,050hp）×1、最大速度：483km/h、航続距離：1,328km、武装：7.62mm機銃×1,12.7mm機銃×1、爆弾：——、乗員：1名

P-36C

ボーイング XB-15 (1937年)

アメリカ本土を発進してハワイ、アラスカ、中南米までをカバーできる超長距離重爆撃機を実現する目的で、1934年5月に当局が提示した「A」計画に応じ、開発されたのがXB-15である。

しかし全幅45m、全長26m、総重量32トンという前例のない四発大型機に要求された性能を実現するのに必要な大出力エンジンが存在せず、代替したP&W R-1830エンジン（830hp）を搭載して1937年10月に初飛行した原型機の性能は低く、実験機扱いのまま1機だけの試作にとどまった。

XB-15 ●諸元/性能
全幅：45.41m、全長：26.69m、全高：5.91m、自重：17,104kg、全備重量：32,069kg、エンジン：P&W R-1830-11 ツインワスプ 空冷星型複列14気筒（850hp）×4、最大速度：317km/h、航続距離：5,474km、武装：7.62mm機銃×3,12.7mm機銃×3、爆弾：1,138kg、乗員：10名

ベル XFM-1 エアラクーダ (1937年)

XFM-1

1935年9月、2ヶ月前に初飛行したボーイング「モデル299」（のちのB-17）四発爆撃機の就役に備え、同機に随伴して長距離進攻できる、双発多用途戦闘機として当局から試作発注されたのがXFM-1。ベル

XFM-1 ●諸元/性能
全幅：21.28m、全長：13.66m、全高：4.13m、自重：6,067kg、全備重量：7,862kg、エンジン：アリソン V-1710-13 液冷V型12気筒（1,150hp）×2、最大速度：436km/h、航続距離：1,288km、武装：7.62mm機銃×2,12.7mm機銃×2,37mm機関砲×2、爆弾：——、乗員：5名

社は、創立2ヶ月の新興メーカーで、のちに奇抜な設計機を輩出することで知られるが、処女作でもあるXFM-1からして、その兆候は表われていた。

案の上、1937年9月、初飛行した原型機、および13機の実用試験機をテストしてみると到底戦闘機として使えないと判定され、不採用となった。

ボーイング B-17 フライングフォートレス（1935年）

モデル299

「A」計画の提示から3ヶ月後の1934年8月、当局は爆弾900kgを搭載して400km/h以上の速度と、4,000kmの航続距離を有する中型爆撃機の競争試作を各社に通知。現用のマーチンB-10の後継機を得ることを企図した。

各社から出された設計案を検討した結果、ボーイング社の「モデル299」とダグラス社の「DB-1」案が採用され、それぞれに原型機製作が発注された。当局からは、翌1935年8月までに原型機を完成させ、比較テスト場であるオハイオ州のライトフィールドまで搬入すること、という極めて厳しい条件が課せられていた。

当局が求めていたのは、あくまでB-10の後継機となる双発の中型爆撃機であったが、モデル299は「A」計画に沿って開発に着手していた四発の超大型爆撃機モデル284（のちにXB-15と命名）の基本設計を踏襲した、同機の約2/3サイズの四発大型機であった。

ボーイング社が、モデル294よりも優先して作業を進めた結果、モデル299原型機は当局の要求どおり翌1935年6月末、ワシントン州シアトル市郊外に所在した工場にて完成。7月28日に初飛行を果たしたのち、8月20日にはライトフィールドに空輸された。

ジュラルミン地肌を輝かせて飛行する流麗な姿のモデル299は、従来までの爆撃機とは一線を画すほどの空力的に洗練された設計で、ボーイング社技術陣の秘めたる能力が一気に開花したような

Y1B-17A

B-17B

感じだった。

　当然、比較テストでは民間旅客機DC-2をベースにしたダグラス社のDBとは、双発と四発機の違いはあるにせよ、設計、性能両面でモデル299が圧倒的に勝った。だが、それで即採用という状況にはならないのが、文民統制国家の難しいところである。

　当時はまだ戦争のない平和な時代で、地勢学的にも外国からの脅威がないアメリカでは、高性能とはいえ、DB-1の約2倍コストが嵩むモデル299は必要ない、というのが陸軍参謀本部内の大勢意見だった。

　悪いことにモデル299原型機がテスト中の墜落事故で失なわれてしまった事実も重なり、当局は1936年1月、DB-1をB-18の名称で採用し、131機の生産発注を行なった。

　しかし、これでモデル299の前途が絶たれた訳ではなく、本機の優秀性を理解した現場の様々な立場の人達が参謀本部に掛け合い、当局をして実用試験に供す機体をYB-17の名称で13機発注させることに成功する。1936年1月12日のことだった。

　その後Y1B-17と名称変更したこれら機体による派手なデモ飛行の成果などもあり、1937年11月以降、小出しとはいえ生産型B-17B×39機、B-17C×38機、B-17D×42機が1940年にかけて順次発注され、ボーイング社は倒産の危機からも逃れることが出来た。

　注目すべき点は、最初の生産型B-17Bの段階で排気タービン過給器が導入されたことである。これによりB-17はのちの第二次世界大戦への参入

B-17B　　　　　　　　　　　●諸元/性能

全幅：31.62m、全長：20.68m、全高：5.91m、自重：12,542kg、全備重量：17,236kg、エンジン：ライトR-1820-51サイクロン 空冷星型9気筒（1,000hp）×4、最大速度：470km/h、航続距離：3,864km、武装：7.62mm機銃×1、12.7mm機銃×4、爆弾：1,814kg、乗員：8名

B-17C

ボーイング B-17 フライングフォートレス（1935年）

B-17D

に際し、敵対する枢軸戦闘機による迎撃から身を守る術のひとつを手にすることが出来た。

◆　　　　◆

　存在感の大きさとは裏腹に、生産数が一向に伸びず"不遇"をかこっていたB-17に、ようやく転機が訪れたのは、やはりヨーロッパ大戦の勃発だった。

　イギリス空軍に供与した「フォートレス（要塞）Ⅰ」（B-17Cのうち20機を充当）の実戦経験を踏まえ、防御機銃の大幅強化、尾翼の再設計などを施した新型B-17Eは、D型までとは桁が違う512機もの多くが発注されたのだ。

　そして、アメリカが大戦参入して2ヶ月後の1942年1月より、まず太平洋戦域に、次いでヨーロッパ戦域で対ドイツ戦略爆撃を担当する、イギリス本土駐留の第8航空軍（8AF）に配備されていった。

　その8AFのB-17Eは1942年8月17日に、ド

イツ占領下のフランス内各要地に対して爆撃を行ない、この方面での初陣を飾る。そして、以後太平洋戦域には航続力の大きいB-24が充当されることになり、B-17の主配備先はヨーロッパ、地中海方面となった。

　大戦の激化にともなう需要増はB-17の生産ピッチの急上昇をもたらし、1942年5月30日にE型の生産が終了すると、その2日後には内部艤装面を一新したB-17Fの1号機が完成。ボーイング社の他、ダグラス、ロッキード・ヴェガ両社工場でも下請生産が始まり、3社合わせた月産数は150機を超えた。

　1943年夏に3社の生産ラインが次の新型B-17Gに切り替わるまでに、F型はボーイング社で2,300機、ダグラス社で605機、ロッキード・ヴェガ社で500機、あわせて3,405機もの多くが送り出された。

　連日のように大挙してドイツ本土爆撃に向かう

B-17E

B-17にとって、精強なるドイツ空軍戦闘機隊の迎撃は大きな脅威であり、その強力な防御武装、排気タービン過給器による高々度性能をもってしても、ときに大損害を被ることもあった。

そこで、弱点とされた正面方向からの攻撃に対処するため、機首下面に.50口径（12.7mm）連装機銃を追加するなどしたB-17Gが、1943年7〜8月にかけて3社の生産ラインに乗り、9月から実戦に投入された。

このB-17Gをもってしても一定の損害は避けられなかったが、幸いなことに1944年に入ると高性能、且つ全行程にわたり随伴できるP-51戦闘機の護衛がつくようになり、損害は目に見えて減少。そのまま、翌1945年5月のドイツ降伏に至るまでB-17Gの容赦ない爆撃が続いた。

B-17Gの生産数は3社合計8,680機!! という膨大なものとなり、まさにアメリカの底力であり、ヨーロッパ大戦勝利の原動力のひとつと言える。因みにB-17各型を合わせた生産数は、12,746機で、これはB-24の18,181機に次ぐ、アメリカ爆撃機史上2位の記録である。

B-17G ●諸元/性能

全幅：31.62m、全長：22.78m、全高：5.84m、自重：16,390kg、全備重量：22,102kg、エンジン：ライトR-1820-97サイクロン 空冷星型9気筒（1,200hp）×4、最大速度：462km/h、航続距離：3,220km、武装：12.7mm機銃×11〜13、爆弾：2,721kg、乗員：10名

ダグラス B-18 ボロ（1935年）

B-18
愛称のボロは、フィリピンの片刃の刀の意。

　1934年度の次期新型爆撃機競争試作に参画し、ボーイング社のモデル299（のちのB-17）に先んじて量産発注を獲得したのが、ダグラス社の社内名称「DB-1」であった。接頭記号DBはDouglas Bomber——ダグラス爆撃機の略で、-1はその第一号を示す。

　当局から1年以内に比較審査地に原型機を搬入すべし、という厳しい条件が課せられていたこともあり、DB-1は当時成功を収めていた双発民間旅客機・DC-2の主、尾翼を流用し、胴体のみ新規設計するという手法で臨んだ。

　搭載したエンジンは、モデル299のP&W R-1690（750hp）より少しパワーの大きいライト R-1820（850hp）を選択したが、モデル299は四発で機体設計も格段に優れていただけに、双発のDB-1は航続力はもとより、有利なはずの速度性能面でも30km／hほど劣っていた。

B-18A

　ところが、平和な時代のこととて、モデル299に比べ機体単価は約半分で済むこと、同機がテスト中の墜落事故で失なわれたことなどが決め手になり、DB-1がB-18の制式名称で採用され、131機生産発注を獲得する。

　1937年6月には、エンジンをR-1820-53（1,000hp）に換装し、機首まわりを再設計したB-18Aが217機発注されたが、それ以上の発注はなく、大戦勃発の予兆が高まるなか、後塵を拝していたB-17の存在価値がにわかに増していった。

　そして、大戦勃発後にB-17の大増産が始まると、B-18は爆撃機としての役目を解かれ、訓練用機（B-18AM）、沿岸警備哨戒機（B-18B）へと改造された。

　なお、太平洋戦争勃発当時、ハワイには33機、フィリピンには12機のB-18が配備されていたが、前者は日本海軍空母艦上機、後者は台湾を発進した陸上基地部隊の奇襲攻撃により大部分が地上で破壊され、めぼしい実績もないまま両方面での活動を終えた。

B-18A	●諸元/性能

全幅：27.28m、全長：17.63m、全高：4.62m、自重：7,403kg、全備重量：10,886kg（正規）、エンジン：ライト R-1820-53サイクロン 空冷星型9気筒（1,000hp）×2、最大速度：348km/h、航続距離：1,450km（正規）、武装：7.62mm機銃×3、爆弾：907kg、乗員：6名

ノースアメリカン O-47（1936年）

O-47A

1934年12月、当局が新たに公式化した次期新型観測機の仕様に沿い、ノースアメリカン社の前身であるゼネラル・アビエーション社が、社内名称GA-15として開発し、1937年2月に109機の生産発注を獲得したのがO-47。

陸軍最初の全金属製単葉引込脚の観測機でもあり、下方視野を広く確保するために、胴体下部を膨らませた外形が特徴。のちに追加発注もあり、計238機つくられたが、観測機として大戦に参加する機会はないまま終った。

O-47A ●諸元/性能

全幅：14.12m、全長：10.23m、全高：3.70m、自重：2,734kg、全備重量：3,470kg、エンジン：ライトR-1820-49サイクロン　空冷星型9気筒（975hp）×1、最大速度：359km/h、航続距離：1,449km、武装：7.62mm機銃×2、爆弾：――、乗員：3名

ノースアメリカン XB-21（1936年）

B-17を嚆矢として陸軍爆撃機への排気タービン過給器装備が普及するなか、ノースアメリカン社がNA-21の社内名称で自主開発し、1937年3月の次期新型爆撃機審査に臨んだ際、当局から与えられた名称がXB-21だった。

排気タービン過給器併用に対応したP&W R-2180-1エンジン搭載の双発中翼形態で、爆弾倉を設けた胴体下面が膨れているのが特徴。しかし性能はともかく、機体単価が非常な高額のため、不採用となった。

XB-21 ●諸元/性能

全幅：28.95m、全長：18.82m、全高：4.49m、自重：8,990kg、全備重量：12,361kg（正規）、エンジン：PW R-2180-1ツインホーネット　空冷星型複列4気筒（1,200hp）×2、最大速度：354km/h、航続距離：3,155km（正規）、武装：7.62mm機銃×4、爆弾：997kg（正規）、乗員：8名

ボーイング・ステアマン XA-21（1939年）

1930年代なかばに、当局が双発攻撃機の競争試作を提示したことをうけ、他の3社機とともに参画したのがステアマン社のX-100。1938年に同社がボーイング社のウィチタ部門となったのち、XA-21の名称で原型機1機の製作が始まり、1939年9月に完成した。

電動式引込脚、インテグラル式燃料タンク、水密構造の胴体、主翼など多くの新機軸を採用した意欲作だったが、比較審査の結果不採用を通告された。

XA-21　●諸元/性能

全幅:19.81m、全長:16.17m、全高:4.31m、自重:5,787kg、全備重量:8,281kg、エンジン:P&W R-2180-7ツインホーネット 空冷星型複列14気筒（1,400hp）×2、最大速度:413km/h、航続距離:1,159km（正規）、武装:7.62mm機銃×6、爆弾:1,224kg、乗員:3〜4名

ビーチ UC-43 トラベラー（1941年）

1932年の会社創立以来今日（こんにち）まで、アメリカの主要民間小型旅客機メーカーとして君臨するビーチ社にとって、その処女作となったのが「17型」と称する機体。その17型のエンジンをマイナーチェンジし、陸軍が高官輸送機として1941年に27機発注したのがUC-43だった。

逆スタッガー（複葉機で下翼が上翼より前に位置する形態）の主翼、密閉式風防、引込脚など当時の複葉機としては異色の設計で、その後第二次分207機が発注され、大戦中を通じ主に国内で広く使われた他、イギリスにも30機供与された。

UC-43　●諸元/性能

全幅:9.75m、全長:7.97m、全高:3.12m、自重:1,399kg、全備重量:2,131kg、エンジン:P&W R-985AN-1 空冷星型9気筒（450hp）×1、最大速度:318km/h、航続距離:805km、武装:——、爆弾:——、乗員:1名/乗客:3名

ノースアメリカン BT-14 (1940年)

同じノースアメリカン社の傑作練習機AT-6テキサンとは、そのルーツでもある自主開発機「A」を原型とする点で一致するが、引込式主脚に近代化せず、固定主脚のままエンジンを換装し、胴体外皮の金属鈑化、主翼、尾翼形状の変更を加えたのがBT-14だった。

原型機は1940年10月に完成し、当局から251機の生産発注を獲得し、基本練習機として使われ

た。そのうちの27機は翌1941年に入りエンジンをマイナーチェンジし、BT-14Aと改称した。

BT-14	●諸元/性能
全幅：12.45m、全長：8.66m、全高：4.13m、自重：1,503kg、全備重量：2,028kg、エンジン：ライトR-985-25 空冷星型9気筒（450hp）×1、最大速度：273km/h、航続時間：6hr、武装：7.62mm機銃×2、爆弾：――、乗員：2名	

バルティー BT-13/BT-15 バリアント (1939年)

BT-13A

カテゴリー的に基本（Basic）と高等（Advanced）の違いはあるが、AT-6テキサンと陸軍練習機勢力を二分したのがバルティー社のBT-13/BT-15シリーズ。原型機「モデルV-54A」は1939年7月に初飛行し、即BT-13の名称で量産が発注され、大戦勃発による需要急増もあり、エンジン換装型のBT-15×1,693機を含め、1944年までに累計1万1537機もの膨大な数がつくられた。

AT-6と同様、BT-13シリーズの多くが、フランス、中国、ペルーなどの各国に供与された。

BT-13A	●諸元/性能
全幅：12.80m、全長：8.78m、全高：3.50m、自重：1,530kg、全備重量：2,039kg、エンジン：P&WR-985AN-1 空冷星型9気筒（450hp）×1、最大速度：289km/h、航続距離：1,167km、武装：――、爆弾：――、乗員：2名	

ロッキード P-38 ライトニング（1939年）

XP-38

排気タービン過給器の実用化に目処をつけた陸軍航空は、1937年2月、それを装備する高々度迎撃戦闘機の開発計画「X-608」を提示。当時まだ新興会社のひとつにすぎなかったロッキード社だが、社内名称「モデル22」案をもってこれに応じ、当局の審査を経て同年6月23日、XP-38の名称で原型機1機の製作を受注することに成功する。

XP-38は、高速を狙う見地から当時最新型の高出力液冷エンジン、アリソンV-1710（1,150hp）を搭載する双発機だったが、その外観が奇抜で、左右のエンジンナセル後方に細いブームを伸ばし、その後端に配した垂直尾翼の間を1枚の水平尾翼でつなぐという、いわゆる双発双胴形態とした。

ポイントでもある排気タービン過給器は、この双胴の、ちょうど主翼後縁部分の上面に無理なく収められ、小さからぬ空気抵抗源となるラジエーターは、双胴後部左右側面に分割して配置するなど、奇抜ではあるがその利点を上手く処理していた。

因みに、原案モデル22をまとめたのは主任設計技師、クラレンス・L・ジョンソンであり、のちに彼が手掛けるロッキード社の成功作P-80やF-104ジェット戦闘機で発揮された才能は、この当時からすでに開花していたとも言える。

XP-38の製作はスピーディに進み、発注から1年半後の1938年12月31日に完成、翌1939年1月27日に初飛行を果たした。そして15日後の2月11日、本機による北米大陸横断飛行という派手なデモンストレーションが行なわれ、実飛行時間7時間2分、平均速度563km/h、最大対地速度675.8km/hという素晴らしい記録を出した。

P-38D

P-38F

　皮肉にも、その最終着陸時に事故を起こし、機体は大破して失なわれる悲運に見舞われたが、当局はその記録を高く評価し、実用試験機YP-38 13機の製作と生産型P-38の量産準備をロッキード社に指示した。

◆　　　　◆

　P-38は計66機発注されたのだが、その生産中にヨーロッパで大戦が勃発したため、自動防漏式燃料タンクを導入するなどの"戦時対策"が施され、後半の30機はP-38Dとして完成した。

　B-17がそうであったように、P-38も大戦勃発により需要が急増し、射撃兵装の変更などを施した次の新型P-38Eの発注数は410機、航続距離の延伸を図ったP-38Fは527機、エンジンをパワーアップしたV-1710-51/55（1,325hp）に換装したP-38Gは1,082機と、矢継ぎ早の発注が続いた。

　P-38は1942年2月、まず北太平洋アリューシャン列島、次いで同年末より南太平洋のニューギニア島方面で実戦に投入され、ヨーロッパ方面では同年8月から在英駐留部隊によるB-17,B-24を掩護してのドイツ本土侵攻、さらに同年11月には地中海、北アフリカ方面でも本格的な実戦出撃を開始した。

　P-38は、もともと敵爆撃機を迎撃するための高々度戦闘機として開発されたのだが、第二次世界大戦ではそういう場面がほとんど生起せず、もっぱら単発戦闘機では不可能な長距離進攻作戦に使われた。

　そうした作戦で、最も劇的な成果として称えられたのが、1943年4月18日、南太平洋ソロモン諸島のガダルカナル島から出撃したP-38G 16機が、ブーゲンビル島上空にて日本海軍連合艦隊司令長官・山本五十六大将座乗の一式陸上攻撃機を撃墜した"事件"である。日本軍全体に与えた衝撃の大きさは推して知るべしであった。

　もっともドイツ空軍のBf109、Fw190、日本海軍の零戦など単発戦闘機を相手にした格闘戦に引き込まれると、双発故に機動力で劣るP-38は存外にモロく、相応の出血は強いられた。

◆　　　　◆

　P-38Gに続いたのは1942年9月から完成し始めたP-38Hで、基本的にはP-38GのエンジンをV-1710-89/91（1,425hp）に換装したもの。翼下面の兵装パイロンが強化され、1,600lb（762kg）の大型爆弾が2発懸吊可能となった。P-38Hは計601機つくられた。

　このB-38Hまでの各型は、円錐形のスピナーと

P-38F	**●諸元/性能**
全幅：15.85m、全長：11.53m、全高：3.91m、自重：5,563kg、全備重量：6,940kg、エンジン：アリソンV-1710-49/53 液冷V型12気筒（1,150hp）×2、最大速度：636km/h、航続距離：3,099km（最大）、武装：12.7mm機銃×4、20mm機関砲×1、爆弾：908kg、乗員：1名	

P-38J

滑らかにつながる細いエンジンナセル形状が特徴だったが、次のP-38Jでは、それまで翼内にあった中間冷却器を、ナセル内下部に移動したため、スピナー直後の下面が大きく張り出す形状に変化した。その様から"Chin-Lightning（顎ライトニング）"と仇名された。P-38Jは1943年8月から完成し始め、大戦の激化を背景に計2,970機もの多くがつくられ、ヨーロッパ、太平洋両戦域に配備された。

P-38JのエンジンはP-38Hと同じままで、全備重量が540kgほど増加したにもかかわらず、最大速度は16km/h向上して666km/hになった。

P-38JのエンジンをV-1710-75/77（1,425hp）に換装し、幅広で大直径（3.81m）の特殊プロペラを装備する機体はP-38Kと命名されたが、1機だけの試作にとどまった。

1944年6月、ロッキード社工場から完成し始め

たP-38Lは、V-1710-111/113エンジン（1,475hp、水噴射時1,600hp）を搭載し、左右外翼下面に各5発の5in.（インチ）ロケット弾を装備可能にした、対地攻撃能力強化型である。

ヨーロッパ戦域では、1944年に入るとB-17、B-24両四発重爆に随伴してドイツ本土の奥深くまで侵攻できるP-51戦闘機が充足したことで、P-47とともにP-38の主任務も対地攻撃となった。P-38Lはそれに対処した型である。

もっとも、太平洋戦域では事情が異なり、島嶼攻防戦で洋上長距離飛行を強いられるため、P-38の戦闘機としての存在感は高かった。質量両面で凋落著しくなってゆく日本陸海軍航空部隊を相手に、P-38J/Lを愛機とするエースたちのスコアも目に見えて上昇した。

第二次大戦が終結した時点で、ヨーロッパ戦域のトップ・エースはP-47を乗機としたガブレスキ

P-38L
（ロケット弾装備はテスト仕様）

P-38M

中佐でスコアは28機だったが、太平洋戦域ではトップのボング少佐が40機、2位のマクガイア少佐が38機で、両者ともにP-38を乗機とした点にそれが明確に示されていよう。

P-38Lは1945年8月に生産終了するまでに、ロッキード社で3,810機、他にバルティー社での下請生産分113機、合わせて3,923機と各型中最も多くつくられた。

このL型がP-38にとっての実質的な最後の量産型で、次のP-38MはL型を改造してつくられた夜間戦闘機型である。P-38Lとの主な相違は、操縦室の後方に一段高くしてレーダー手席を設け、機首下面にAN/APS-4レーダーのポッドを取り付けた点。夜間行動に適するよう、機体全面を黒一色に塗ったことも目立つ。

P-38Mの原型機は1945年2月5日に初飛行し、以降P-38の生産ラインから任意に抽出し、改造するという手法が採られた。しかし、同年5月にはヨーロッパ、8月には太平洋方面でも戦争が終結したため、74機つくったところで打ち切られた。

◆　　　　　◆

P-38はすでに量産の早い段階で、その高速と大きな航続力を生かした偵察機への転用が考えられており、Fの接頭記号を冠した各型が改造によりつくられた。

最初の偵察型は、P-38Eの機首内部射撃兵装を撤去し、空いたスペースに各種航空カメラを搭載したF-4-1LOが99機つくられた。

以後、同じ要領でP-38F改造のF-4Aが20機、P-38G改造のF-5Aが181機、P-38H改造のF-5Cが128機、P-38J改造のF-5Eが205機、P-38L改造のF-5E（機数不明）とF-5G（63機？）がつくられている。

なお、この他に1940年イギリス、フランスからP-38Eに相当する輸出型「ライトニングⅠ」計667機のオーダーがあったが、機密保持のため排気タービン過給器が取り外された故に、低性能を理由に3機の引き渡し後全て受領拒否されてしまった。すでに生産ライン上にあった140機分は、そのまま完成させてアメリカ陸軍が引き取り、訓練用機として用い、残りはP-38F/Gの生産分に組みこまれた。

P-38の総生産数は10,037機に達し、これは双発戦闘機として世界最多である。

P-38L　●諸元/性能

全幅：15.85m、全長：11.53m、全高：3.91m、自重：5,806kg、全備重量：7,435kg、エンジン：アリソンV-1710-111/113液冷V型12気筒（1,475hp）×2、最大速度：667km/h、航続距離：4,180km（最大）、武装：12.7mm機銃×4、20mm機関砲×1、爆弾：908kg、ロケット弾×10、乗員：1名

ロッキード P-38 ライトニング（1939年）

ベル P-39 エアラコブラ（1939年）

XP-39

戦後から今日に至るまで、ベル社はアメリカの主要ヘリコプター・メーカーとして君臨しているが、1935年7月に創立されてから第二次大戦期までは固定翼機のメーカーだった。

そのベル社の第一作目が、P.47で紹介したXFM-1だったのだが、同機に次ぐ二作目が、1937年3月に当局が提示した次期新型戦闘機開発計画「X-609」への応募機であるP-39だった。

当局がX-609計画で求めたのは、高速と上昇力、そして高々度性能に優れ、来襲した敵の大型爆撃機を一撃で葬れる強力な射撃兵装を備える、高々度迎撃戦闘機を実現することだった。

この同じ開発計画に応募したロッキード社の設計案が、社内名称「モデル22」（のちにP-38として採用）であったが、ベル社のロバート・ウッド

を設計主任とした技術陣は、25mm又は37mmの大口径機関砲をプロペラ軸内発射とするために、これを機首に収めたうえで、エンジン（アリソンV-1710液冷V型12気筒）はその後方に、もうひとつの案はエンジンをさらに後方に寄せて、機関砲とエンジンの間に操縦室を配置するという、単発型の「モデルB-3」、および同「B-4」の2案を提出した。

そして審査の結果、モデルB-4案が採用され、1937年10月、XP-39の名称で原型機製作の契約が交わされた。

1939年4月6日に初飛行したXP-39は、高々度性能を得るために、P-38と同じ排気タービン過給器を併用するV-1710-17エンジン（1,150hp）を搭載し、アメリカの単発戦闘機としては初めて

P-39D

P-39F

の導入例でもあった。前脚式の降着装置を備えていたことが珍しかった。

　テストの結果、XP-39は高度6,100m付近で最大速度628km/h、同高度までの上昇時間5分という高性能を示し、ベル社技術陣の狙いは的を射たかにみえた。

◆　　　　◆

　ところが、このあとNACA（国立航空諮問委員会——現在のNASA——国立航空宇宙局の前身）でのテスト結果と、当局のP-39に対する方針が変化したことにより、空力面での機体改修に加え、排気タービン過給器の撤去が命じられた

　当局がどのような思惑で、このような決定を下したのか理解に苦しむが、いずれにせよこの改修によって速度は25km/h、高度6,100mまでの上昇時間は2分30秒も低下したうえ、高々度性能も失なうという、なんとも魅力に乏しい新型戦闘機に成り下がってしまった。

　もともと旋回性能は良くない機体だったので格闘戦には不向きで、水平錐揉みの悪癖も持っていたから、パイロットの評価は芳しくなく、のちに"アイロン・ドッグ"（鉄の犬）の仇名を奉られた。

　だが、ほどなくヨーロッパで大戦が勃発したことでP-39は実用試験型YP-39を経て、1940年8月に最初の生産型がP-45の名称で80機（のちP-39Cと改称）、翌9月には武装強化型のP-39Dが863機発注された。

　これに先立ち、ナチス・ドイツ軍の脅威に晒されたフランスは、輸出仕様のモデル14（P-39Cに相当）を200機、イギリスは675機も発注していた。しかし、引き渡しが始まる前にフランスはド

P-39D　　　　　●諸元/性能

全幅：10.36m、全長：9.19m、全高：3.61m、自重：2478kg、全備重量：3,402kg、エンジン：アリソンV-1710-35 液冷V型12気筒（1,150hp）×1、最大速度：592km、航続距離：1,287km、武装：37mm機関砲×1,12.7mm機銃×2,7.62mm機銃×4、爆弾：227kg、乗員：1名

P-39D

ベル P-39 エアラコブラ（1939年）

P-39F

イツの侵攻をうけて降伏してしまったため、その200機分もイギリスが肩替わりして購入することになった。

しかし、1941年7月から引き渡しをうけたイギリスは「エアラコブラⅠ」の名称を与えたものの、カタログ・データとあまりにも違う低性能に失望し、11機を受領したのみで残りはキャンセル。それらのうち、212機はソビエト、179機はP-400の名称でアメリカ陸軍が引き取った。

太平洋戦争が勃発して、南太平洋で日本海軍の零戦と対戦したP-39D/P-400は、空中戦でまったく歯が立たず一方的に敗れ去ることが多く、零戦搭乗員をして胴体形状を揶揄した"カツオブシ"の蔑称を奉られた。

◆　　　　◆

低評価が"定着"したにもかかわらず、戦時下

ということもあってP-39の新型開発は継続し、V-1710エンジンのマイナーチェンジ型、およびエアロプロダクツ製プロペラへの換装を中心としたP-39F（229機）、J（25機）、K（210機）、L（250機）、M（240機）、N（2,095機）の各型が1943年にかけて生産された。

そして、同年5月から引き渡しを始めた最後の生産型P-39Qが、まったく異なった戦闘環境のなかで意外な程の高評価を得て存在感を示すことになる。それは、ソビエト軍においての運用であった。

西欧製に比べて総体的に低レベルの自国製戦闘機よりは出来の良いP-39Qは、対地直協型空軍のソビエトにとってはうってつけの機体で、その大口径37mm機関砲と両翼下面に追加装備した.50口径（12.7mm）機銃各1挺は、ドイツ地上軍への攻撃に有効なうえ、ほとんどの作戦飛行が3,000m以下

P-39Q

P-39Q

の低高度なので、高空性能の必要性もなかった。

　敵対したドイツ空軍のBf109、Fw190戦闘機も、零戦のような格闘戦をする機会は少なく速度を生かした降下一撃離脱戦法を主体にしたので、低空においてP-39Qが主導権を握って優勢に戦える場面も多かった。

　その結果、ソビエトからの熱烈な要望により、翌1944年7月25日までに計4,905機も生産されたP-39Qのうち、実に4,546機がレンド・リース（武器貸与法）に基づいて供与された。まさしく、P-39Qはソビエト援助のために生産された型であった。

　ソビエト空軍のエース・リスト中第2位のA・ポクルイシキン大佐（撃墜数59機）、第3位のG・レチカーロフ大尉（同58機）、第4他のN・グラーイェフ大尉（同57機）、第6位のD・グリンカ大尉（同50機）などの錚々たる顔ぶれが、総スコアの54〜81％をP-39Qを乗機として稼いでいる点からしても、ソビエト空軍内での本機に対する高評価に納得がいく。

　P-39各型を合わせた総生産数は計9,585機で、1万機の大台には届かなかったが、自国内では低評価の機体をこれだけ造りまくって、その半数以上を他国支援にまわすというところに、アメリカの底知れぬ強さと抜け目のなさを垣間みる。

P-39Q	●諸元/性能

全幅：10.36m、全長：9.19m、全高：3.78m、自重：2,561kg、全備重量：3,493kg、エンジン：アリソンV-1710-85 液冷V型12気筒（1,200hp）×1、最大速度：620km/h、航続距離：1,046km、武装：37mm機関砲×1,12.7mm機銃×4、爆弾：227kg、乗員：1名

TP-39Q（複座練習機型）

カーチス P-40 ウォーホーク（1938年）

XP-40

1938年1月、当局は先の「X-608」計画に基づいた排気タービン過給器装備の高々度迎撃戦闘機に続き、それを用いない中・低高度用の次期新型戦闘機開発を「X-609」計画の名で各社に提示。設計案の提出を募った。

この時点で前年7月に発注された計210機のP-36Aの量産を進めていたカーチス社は、当局が要求した最大速度595km/h以上、高度4,572mまでの上昇時間6分以内というスペックは、そのP-36Aのエンジン（空冷R-1830——1,030hp）を、液冷のアリソンV-1710-19（1,160hp）に"すげ替え"るだけで容易にクリアでき、しかも開発期間の短縮が図れると判断し、社内名称「モデル75P」として提出した。

当局もこれを受け入れ、7月30日付けでXP-40の名称を与え、原型機製作を発注した。そして、

カーチス社の思惑どおりにP-36Aの生産第10号機を改造したXP-40は、わずか76日後の1938年10月14日に初飛行を果たす。

だが全てが思惑どおりにいかぬのが世の常で、XP-40の最大速度は要求値に遠く及ばない、481km/hの低速にとどまった。

荒てたカーチス社技術陣は、ただちに冷却器まわりを中心とした再設計を二度にわたって行ない、翌1939年3月、要求値にはなお少し届かない587km/hまで向上させた。

この頃、ヨーロッパで大戦勃発の緊張が高まっていたこともあり、当局は翌4月26日付けでカーチス社に対し、生産型P-40をかつてない524機も大量発注した。

◆　　　◆

P-40の生産1号機は1940年6月に納入された

P-40B

トマホークⅡB

が、200機つくったところで残りは武装強化を施したP-40B（131機）、燃料系統改修を施したP-40C（193機）に振り替えられた。

すでに第二次世界大戦が勃発していたが、アメリカはまだ参戦しておらず、むしろP-40の納入先は、ナチスドイツの脅威に晒されていたフランス、イギリスが優先され、「トマホークⅠ、Ⅱ」（P-40の輸出仕様）同ⅡA（P-40Bに相当）、同ⅡB（P-40Cに相当）の名称で、計270機に達するオーダーを受けて生産ピッチの上昇が図られた。

P-40/トマホークの飛行性能は、はっきり言って平凡で、ドイツ空軍のBf109や、のちに太平洋戦争で対峙する日本陸海軍の一式戦、零戦などに比べ、空中戦での劣勢は免れ得なかった。

しかし操縦/安定性に優れ、新人パイロットでも容易に扱え、機体も頑丈で稼働率は高く、数も十分に揃えられるという長所は、戦時下には不可欠の要素であった。

イギリスに供与されたトマホークと、後述するキティーホークが外郭戦域の地中海/北アフリカ方面で、アメリカ陸軍のP-40とともに、戦闘爆撃機として大きな存在感を示したのが、それを象徴

P-40D ●諸元/性能

全幅：11.37m、全長：9.67m、全高：3.75m、自重：2,816kg、全備重量：3,511kg、エンジン：アリソンV-1710-39 液冷V型12気筒（1,150hp）×1、最大速度：563km/h、航続距離：1,287km、武装：12.7mm機銃×4、爆弾：——、乗員：1名

P-40D

P-40E

する事例である。

P-40にとつて最初の大きなモデル・チェンジは、機首下面の冷却器を大型化して位置を前進させたD型である。エンジンはV-1710-39（1,150hp）に変わり、その上方に装備していた.50口径（12.7mm）機銃2挺は撤去し、代わりに主翼内に同口径機銃4挺としたことで、機首まわりの外観が～変した。

もっともP-40Dは、1,543機発注されたものの、23機つくったところで翼内.50口径機銃を6挺に強化したP-40Eに振り替えられ、1941年8月から納入開始した。このP-40Eをイギリス向けに生産したのがキティーホークIAで、計1,500機発注されたものの、全ては引渡されず、アメリカに一定数残された。

一段二速過給器を装備するV-1710エンジンは、高空性能に劣るのが弱点だったが、それを克服す

るために、イギリスの傑作ロールスロイス「マーリン」28型エンジン（1,300hp）に換装したP-40Fが、1942年3月以降計1,311機納入された。外観上、機首上面の気化器空気取入口が冷却器部に移り、後期の生産型は胴体後部を51cm延長し、いわゆる"長胴型"となったのがP-40Eとの主な相違点。計230機がキティーホークⅡの名でイギリスに供与されている。

P-40Gは実験的な武装変更型、P-40Jは計画のみに終わり、P-40Fに続く生産型はP-40Kとなった。P-40Eのエンジンを高空性能向上型のV-1710-73（1,325hp）に換装したのが主な相違で、方向安定性改善のため垂直安定板付根にフィンを追加したことも特徴。後期生産機はP-40Eと同様の長胴型となった。

1943年1月から納入開始したP-40Lは、P-40Fの防弾装甲板の一部を外し、主翼武装を.50口径

P-40F

P-40K

機銃4挺に減らすなどした軽量型で、計700機を生産。さらにこのP-40Lに少し先がけ、1942年11月から納入開始されていたのがP-40Mである。P-40K長胴型のエンジンをV-1710-81 (1,200hp)に換装したもので、計600機つくられた。

6年余に及んだP-40開発史の最後を飾ったのがP-40Nで、1943年1月に原型機が初飛行し、翌1944年11月30日に計5,220機にも達した各型中最多生産数の最後の1機が納入された。内容的にはP-40Mの軽量化型で、エンジンはV1710-99 (1,200hp) を搭載、武装はP-40Lと同じ.50口径機銃4挺。外観上、キャノピーのガラス窓部分が拡大し、主車輪が小型化されているのが識別点。このP-40Nを複座化した練習機型TP-40Nが改造により30機つくられている。

P-40Nに続くXP-40Qは、冷却器系統、機体構造の刷新を図った実験機で、3機のみの試作。

P-40RはP-40F/LのエンジンをV-1710-81に戻した型だが、予定した600機のうち完成したのは123機のみ。

なお、P-40Kのうち192機、P-40Lのうち160機、P-40Mのうち264機がキティーホークⅢ、P-40Nのうち1,263機がイギリス、およびオーストラリア、ニュージーランド、カナダの各英連邦諸国に供与されている。

P-40の総生産数は実に13,738機!!にも及び、これはP-47,P-51に次ぐアメリカ戦闘機史上第3位の記録である。

P-40N ●諸元/性能

全幅:11,37m、全幅:10.16m、全高:3.75m、自重:2,722kg、全備重量:2,903kg、エンジン:アリソン V-1710-81/99/115 液冷V型12気筒(1,200hp/1,360hp)×1、最大速度:552km/h、航続距離:1,207km、武装:12.7mm機銃×4〜6、爆弾:318kg、乗員:1名

P-40N

カーチス XP-37, XP-42（1937年、1939年）

カーチスXP-37、XP-42（1937年、1939年）

XP-37

当局の要求に基づき、P-36をベースにした高々度迎撃戦闘機、および性能向上型として開発されたのがXP-37とXP-42である。

XP-37は、エンジンを排気タービン過給器併用の液冷アリソンV-1710-21（1,150hp）に換装し、胴体設計を刷新した意欲作だったが、前方視界不良と排気タービン過給器の不調により、実用試験型YP-37含めて開発中止。XP-42は機首まわりの外観を空力的に刷新したものだが、期待したほどの効果がなく、原型機のみの試作に終った。

XP-37 ●諸元/性能

全幅:11.35m、全長:9.44m、全高:2.89m、自重:2,391kg、全備重量:2,880kg、エンジン:アリソンV-1710-21 液冷V型12気筒（1,150hp）×1、最大速度:547km/h、航続距離:781km、武装:7.62mm機銃×1,12.7mm機銃×1、爆弾:——、乗員:1名

ダグラス XB-19（1941年）

ダグラスXB-19（1941年）

前年の「A」計画につづき、1935年2月に当局が提示したさらなる超長距離大型爆撃機の実現を目指す「D」計画に基づき、ダグラス社に開発を託されたのがXB-19。のちのB-36に匹敵する巨大なサイズだったが、未経験故の技術的な困難さとコスト高などを理由にダグラス社は開発中止を訴えた。

しかし、当局の強い要請で作業は進められ、1941年5月ようやく初飛行にこぎつけたものの、性能は予想外に低く、大戦中は輸送機として使われ、戦後にスクラップ処分された。

XB-19 ●諸元/性能

全幅:64.62m、全長:40.34m、全高:12.80m、自重:39,009kg、全備重量:63,503kg、エンジン:ライトR-3350-5 空冷星型複列18気筒（2,000hp）×4、最大速度:360km/h、航続距離:6,759km、武装:7.62mm機銃×5,12.7mm機銃×5,37mm機関砲×2、爆弾:16,828kg（最大）、乗員:11名

ダグラス B-23 ドラゴン（1939年）

B-18AのエンジンをライトR-2500 (1,600hp) に換装したうえで、胴体設計を刷新し、垂直尾翼を大型化するなどした発展型として開発され、1939年7月に原型機が初飛行した。速度、上昇力などは相応に向上し、爆弾搭載も8割増えたことから採用され、翌1940年9月までに37機生産された。しかし、それ以上の発注はなく、アメリカ本土沿岸の警備用に配置されたのみに終った。

1942年に12機がグライダー曳航機に改造され、UC-67と改称した。

B-23	●諸元/性能
全幅：28.10m、全長：17.80m、全高：5.65m、自重：8,650kg、全備重量：12,000kg、エンジン：ライト R-2600-3 空冷星型複列14気筒 (1,600hp) ×2、最大速度：454km/h、航続距離：2,345km、武装：7.62mm機銃×3,12.7mm機銃×1、爆弾：1,800kg、乗員：6名	

ビーチ C-45（1940年）

ビーチ社が1937年に初飛行させた、民間用の「モデル18S」双発軽旅客機は非常な好評を博していたため、陸軍は1940年にこれをC-45の名称で採用。要人輸送などの他、航法、爆撃、射撃訓練用機としてAT-7,AT-11さらには写真偵察機としてF-2の名称で広く登用。それらの調達数は、実に4,000機以上!!にも及んだ。

なお、1943年にC-45は汎用輸送機を示す

UC-45と改称し、戦後まで生き残った機体は、寿命延長改造をうけて長く現役にとどまっている。

C-45	●諸元/性能
全幅：14.50m、全長：10.40m、全高：2.90m、自重：2,672kg、全備重量：3,561kg、エンジン：P&W R-985-17 空冷星型9気筒 (450hp) X2、最大速度：346km/h、航続距離：1,126km、武装：——、爆弾：——、乗員：2名+乗客：4名	

セスナ AT-8,AT-17/C-78 ボブキャット（1939年）

UC-78

ビーチ社とともに、今日までアメリカの主要民間小型旅客機メーカーとして君臨するセスナ社は、1939年に社内名称「T-50」と称する双発小型旅客機を初飛行させた。

その好評ぶりに着目した陸軍は、1940年にAT-8の名称で多発機乗員用訓練機として採用。エンジン換装型のAT-17を経て、さらに1942年には輸送、連絡などに用いる仕様をC-78の名称

で採用。これらを合わせた生産数は、実に4,202機にも達した。

UC-78　●諸元/性能

全幅:12.78m、全長:9.98m、全高:3.02m、自重:1,588kg、全備重量:2,585kg、エンジン:ジェイコブズ R-755-9 空冷星型7気筒（245hp）×2、最大速度:314km/h、航続距離:1,207km、武装:――、爆弾:――、乗員:2名＋乗客:2名

ロッキード C-56,C-57,C-59,C-60 ロードスター（1940年）

C-60

ロッキード社が乗客17名収容の民間向け双発旅客機として1940年に初飛行させた社内名称「モデル18」は非常な成功を収めた。陸軍も本機を軍用輸送機として採用。1941年5月以降、C-56の名称で35機、C-57の名称で10機、C-59の名称で10機、C-60の名称で324機調達した。これら各機は、当局からの発注による生産ではなく、すでに民間航空会社に就航していた機体を、戦時下

の強制徴用という形で調達したものである。

C-60A　●諸元/性能

全幅:19.96m、全長:15.19m、全高:3.60m、自重:5,670kg、全備重量:7,938kg、エンジン:ライト R-1820-87 空冷星型9気筒（1,200hp）×2、最大速度:428km/h、航続距離:1,530km、武装:――、爆弾:――、乗員:2名＋乗客:18名

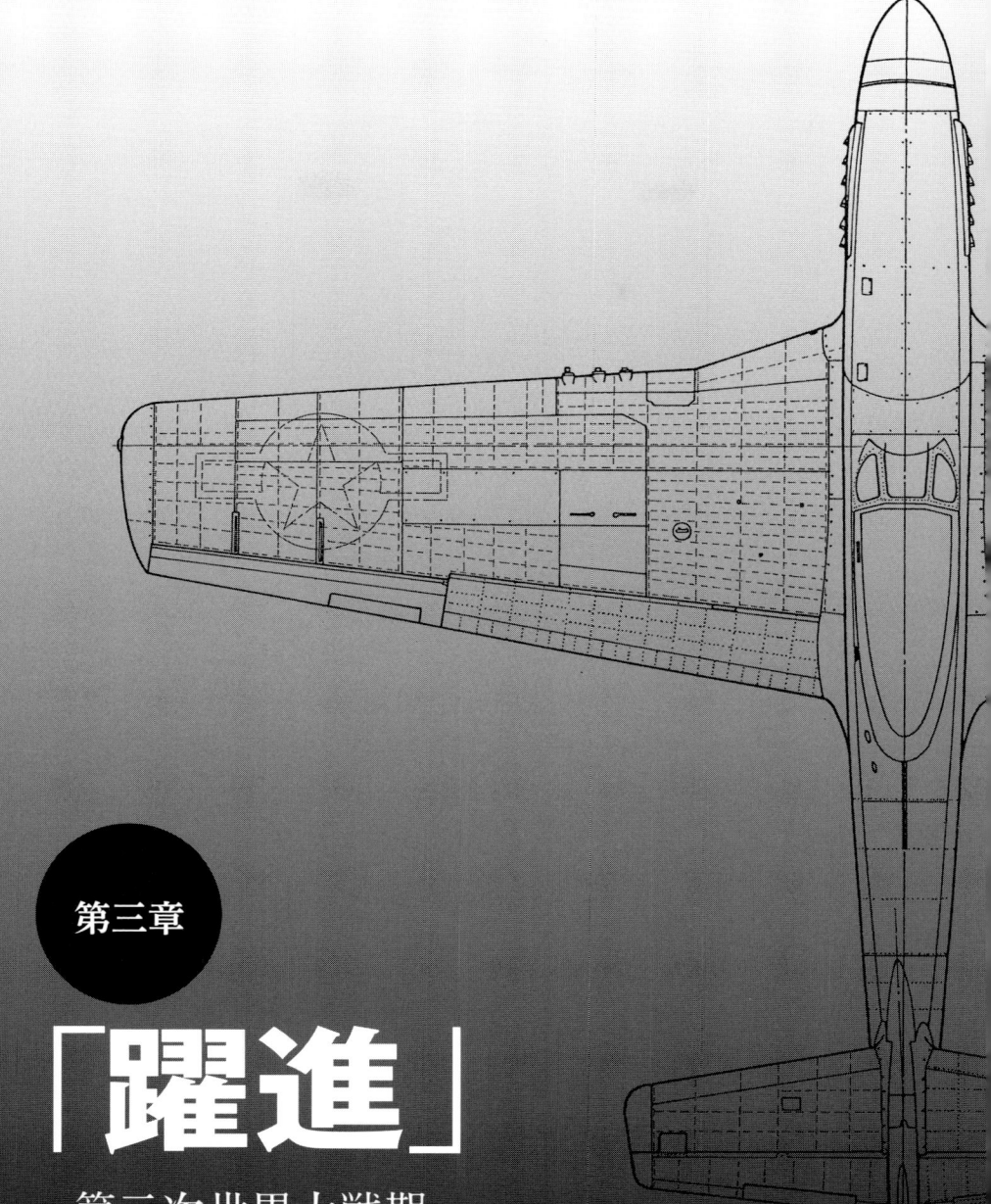

第三章

「躍進」

第二次世界大戦期

1940年〜1945年

コンソリデーテッド B-24 リベレーター（1939年）

XB-24

わる突出した値だった。

しかも、当局からは原型機を9ヶ月以内に完成させることという厳しい条件が課せられており、アイザック・M・ラッドン技師を主務者とするコ社設計陣には相当のプレッシャーがかかってていたに違いない。

幸い、コ社では前年7月にモデル31と称する大型双発飛行艇の自主開発に着手しており、同機が採用していた自社パテントの「デイビス翼」と称した高揚力、低抵抗の主翼を流用すること、縦方向に深い四角形断面の胴体にすることなどで、開発期間の短縮と要求性能を満たせる目算はあった。

1938年末コンソリデーテッド社は当局から、当時、高性能ではあるが、コスト高に苦しんでいた、ボーイング社のB-17四発爆撃機の下請生産を打診されたが、これを断った。その代わりに自社が許容コスト内で同機を凌ぐ機体を開発できるとして「モデル32」と称する設計案を提示した。

この提案は受け入れられ、翌1939年3月にXB-24の名称で原型機1機製作が発注された。当局が要求したスペックは、当然のごとく生産中のB-17Bを凌ぐ値だったが、とりわけ航続力3,000マイル（4,830km）と爆弾搭載量8,000lb（3,629kg）が、B-17Bをそれぞれ1,000km、1,815kgも上ま

総重量が20トンに近い大型四発機に、良好な離着陸性能を与えるためのスパンの大きいファウラー式フラップ、地上でのハンドリングを容易にする前脚式降着装置、上下方向に開くシャッター式の爆弾倉扉などの新しい試みも鋭意導入した。

コ社一丸となっての頑張りが効を奏し、XB-24は要求どおり、1939年12月下旬に完成し同月29日に初飛行を果たした。もっとも、最大速度は要

YB-24 (LB-30A)

B-24D
愛称のリベレーターは
「解放者」の意。

求値の483km/h以上に届かない440km/hどまりだったことで、排気タービン過給器併用のP&W R-1830-41エンジン（1,200hp）への換装を柱とする改修を施し、XB-24Bと改称した。

このXB-24Bでもなお速度性能は要求値を満たせなかったが、デイビス翼の効果で巡航速度、航続力、爆弾搭載量などはB-17を確実に凌駕したため、当局は実用試験機YB-24×7機、さらには最初の生産型B-24A 38機の生産を発注した。

だがすでにヨーロッパで大戦が勃発していたこともあり、ナチス・ドイツの脅威に晒されていたイギリスへの兵器支援が優先され、B-24もその供与対象となって、YB-24のうち6機が「LB-30A」の名称で供与された他、B-24A規格の機体を「LB-30B」の名称で20機、さらにイギリス空軍名称「リベレーターII」の名称で139機生産した。

"本家"たるアメリカ陸軍向けとしてはXB-24Bの各防御銃座を更新したB-24Cが予定されたが、わずか9機つくられたのみにとどまり、真の本格配備型は各防御銃座をさらに強化したB-24Dとなった。

1942年1月末から納入は開始され、アメリカも前年末に大戦に加わったことで、その発注数は計2,738機にも達し、メインのコ社サンジエゴ工場の他、フォートワース工場、さらにはダグラス社タルサ工場も加わってフル生産体制が敷かれた。

なお、胴体内スペースが広いB-24は、これを利用した輸送機への転用が検討され、D型の爆撃装備、防御銃座を全廃し、機首を金属飯で密閉するなどの改造を施した機体が、C-87の名称で計

B-24D ●諸元/性能

全幅：33.53m、全長：20.22m、全高：5.46m、自重：14,790kg、全備重量：27,216kg、エンジン：P&W R-1830-43 空冷星型複列14気筒（1,200hp）×4、最大速度：488km/h、航続距離E：3,700km、武装：12.7mm機銃×10～11、爆弾：4,000kg、乗員：10名

C-87

B-24H

295機つくられている。

コンソリデーテッド B-24 リベレーター（1939年）

B-24Dは、太平洋、ヨーロッパ、地中海/北アフリカ方面の各爆撃飛行隊に広く配備され作戦に従事したのだが、その中で最も有名なのが、1943年8月1日に決行された、北アフリカ・リビアから、枢軸国側のルーマニア・プロエスチ油田に対する、片道2,900km余に及ぶ長距離爆撃だろう。

「タイダルウェーブ」（津波）作戦と呼ばれたこの爆撃行には計179機のB-24Dが参加し、爆撃により油田の4割を破壊することに成功したが、手順の狂いと激しい対空砲火、敵戦闘機の迎撃により80機が未帰還となる大損害を喫した。

◆　　　　◆

B-24Dに続いてエンジン、プロペラをマイナー・チェンジしたB-24Eが801機、途中から機首に.50口径（12.7mm）連装機銃2挺を収めた動力旋回銃塔を備えたB-24Gが430機、このB-24Gに準じたB-24Hが2,510機生産され、この時点で

B-17と四発重爆兵力の双璧を成す存在になった。

そして1943年8月31日にコ社サンジエゴ工場で1号機が完成したB-24Jが大戦後期のメインバージョンとして各工場から溢れ出すようになる。本型は基本的にはB-24Hの排気タービン過給器を、新型のB-22タイプに更新し、自動操縦装置、爆撃照準器などの艤装面に変更を加えたもの。

このB-24Jの生産には、B-24Gのそれを担当したノースアメリカン社も加わり、翌1944年11月までに4工場あわせて計6,678機!!もの膨大な数を送り出した。まさに他国には及びもつかぬ圧倒的なアメリカ工業力である。なお、これらのうち計621機がへ練習用爆撃機仕様に改造され、TB-24Jと改称した。

B-24Jに続き、1944年8月からは乗員用装甲板の一部を外すなどした軽量化型のB-24Lが1,667機、本型の尾部銃塔をA-6Bタイプに変更するなどしたB-24Mが計2,593機生産されたが、すで

B-24H

B-24J

コンソリデーテッド B-24 リベレーター (1939年)

にヨーロッパ、太平洋両戦域で連合軍側の優勢が明らかとなったこともあって、J型ほどの発注数にはならなかった。

M型の垂直尾翼を1枚の大きなものに変更するなどの再設計を施したB-24Nは、総計5,168機も発注されたが、ヨーロッパ大戦の終結によって全てキャンセルとなり、実用試験機YB-24N 7機が完成したのみ。

このN型をもって6年余に及んだB-24開発史は終焉したが、その総生産数は実に18,181機という空前の数となった。これは全てのアメリカ軍用機を通じて最多である。

B-17に比べ、飛行性能面で勝ったB-24だが、とくに対ドイツ爆撃において敵の対空砲火や戦闘機からの攻撃に被弾すると、急にバランスを崩して墜落するという悪い特性が、乗員に不安を与えたのも事実。しかし、それを内包しつつ数の力で四発爆撃機兵力を支え切ったのも、B-24の揺るぎない功績である。

B-24J ●諸元/性能

全幅：33.53m、全長：20.47m、全高：5.49m、自重：16,556kg、全備重量：25,400kg、エンジン：P&W R-1830-65 空冷星型複列14気筒 (1,200hp) ×4、最大速度：475km/h、航続距離：3,380km、武装：12.7mm機銃×10、爆弾：4,000kg、乗員：10名

XB-24N

ノースアメリカン B-25 ミッチェル（1940年）

ノースアメリカン B-25 ミッチェル（1940年）

B-25

　第二次世界大戦期、アメリカ陸軍は対地上／水上艦船攻撃任務に多くの双発攻撃／爆撃機を登用したことが特筆されるが、数の面でその筆頭格になったのがB-25である。各型合計生産数はA-20の約7,400機、B-26の約5,000機に対し、実に9,800機余に達した。

　B-25のルーツは、1938年1月に当局が提示した双発中型攻撃／爆撃機開発「98-102」計画に応じ、ノースアメリカン社が提出した「NA-40-1」案まで遡る。

　同案はP&W R-1830エンジン（1,100hp）を搭

載し、高翼配置の主翼、双垂直尾翼、前脚式降着装置を採用した、のちのB-25と基本的にほぼ同じ設計だった。

　設計案は採用され原型機製作も発注されて、翌1939年1月29日に初飛行した。テストの結果、高性能であることが確認され、当局もエンジンをさらに高出力のライトR-2600（1,600hp）に換装した生産型（NA-40B）を発注する段取りだった。ところが、テスト中に墜落して失なわれてしまったことから、ライバルのダグラス社「DB-7」案がA-20の名称で採用され、NA-40Bは試作のみに

B-25B

B-25C

終った。

　幸い当局が、1939年3月に「39-640」計画と称した次期新型爆撃機開発を提示したことをうけ、ノ社は旧NA-40B案をベースに、主翼を中翼配置に改め、胴体をスリムな形状に刷新するなどした「NA-62」案を提出。これがマーチン社の「モデル179」案とともに採用され、それぞれB-25、B-26の名称で生産発注がなされた。

　原型機の製作とそのテストが省略され、いきなり生産発注がなされるのは前例がないことだったが、その理由は、ヨーロッパで大戦勃発の気運が高まっていた故に、当局としても、一刻も早い戦力化を図る必要に迫られていたためである。

　NA-62はR-2600-9エンジン（1,700hp）を搭載し、NA-40Bに比べて2倍に増加した爆弾搭載量の要求を満たすため、胴体を延長して爆弾倉を拡大し、操縦室は並列式に改め、側面、尾部銃座を新設するなど、内容的にはかなり変化した。

　作業は順調に進み、1940年8月には計184機発注されていたB-25の生産1号機が初飛行を果たした。とくに大きな問題はなく、性能も計画どおりだったため、続いて完成した機体は、第17爆撃航空群（17BG）を皮切りに就役開始した。ただし、B-25の生産は24機で打ち切られ、それ以降の40機は各乗員席の周囲に装甲板を追加したB-25A、さらにそれ以降の120機は、防御銃座を強化したB-25Bとして完成している。

　このB-25Bを配備された17BG隷下の各飛行隊（BS）から抽出した16機をもって、1942年4月18日に海軍空母「ホーネット」から発艦し、太平洋戦争勃発後最初の日本々土空襲を行なったのは有名なエピソードである。

◆　　　　　◆

　すでに大戦が勃発していた状況下、B-25Bまでの生産数184機はあまりにも少ない数であるが、1940年9月に発注が始まったB-25Cは、1943年5月までに計1,619機も生産されることになる最初の戦時対応型となった。

　B-25BのエンジンをマイナーチェンジしたR-2600-13（1,700hp）に換装し、防氷、暖房装置の追加、ブレーキ・システムの変更、燃料タンク容量の増加などを施したのが主な相違。

　なお、B-25Cの発注が始まる数ヶ月前の1940年春、アメリカ政府は戦時下の航空機需要急増に備え、自らの予算で工場を建設しその運営を各メーカーに委ねるという新制度を発足させた。

　急速増産が望まれたB-25もその対象ととなり、ノ社にはカンザス州カンザスシティー工場が割り当てられ、ここでゼネラルモータース社の自動車生産部門を下請けメーカーにして、B-25Cの量産

B-25C/D　　　　　●諸元/性能

全幅：20.60m、全長：15.82m、全高：4.80m、自重：9,210kg、全備重量：15,420kg、エンジン：ライトR-2600-13　空冷星型複列14気筒（1,700hp）×2、最大速度：457km/h、航続距離：2,415km、武装：12.7mm機銃×6、爆弾：1,360kg、乗員：6名

B-25G

を行なうことにした。ただ、ノ社製と区別するために、カンザスシティー工場製のB-25Cには、B-25Dの型式名が割り振られた。B-25Dは1941年6月に1,200発注されたのを手始めに、追加分も含め、1944年3月までに計2,290機生産された。

このB-25Dの爆撃装備を撤去し、代わりにカメラを搭載した写真偵察機が30機つくられ、F-10と命名され各戦域に少数ずつ配備されている。

B-25C/Dに続く改良型XB-25E、XB-25Fは、B-25Cを改造した試作1機だけにとどまり、生産には入らなかった。

次のB-25Gは、対水上艦船攻撃能力を強化するため、機首の爆撃手席を潰して金属鈑で密閉し、内部にM-4 75mm砲1門と.50口径（12.7mm）機銃2挺を装備した。1942年10月にB-25C最終号機を改造した原型機XB-25Gが初飛行し、1943年5月から8月までの間に計400機生産された。主に太平洋戦域部隊に配備され、日本の水上艦船を相手に威力を発揮した。

75mm砲の威力は凄まじかったものの、発射速度が遅く、一度の攻撃行動中に最高4回しか射撃できないのが難点だった。そこでその間の前方指向射撃兵装を強化することになり、B-25Gの75mm砲を軽量化したタイプのT13E1に換装し、機首に.50口径機銃2挺を追加、胴体後部上面の.50口径連装銃塔を前方に移動するなどした型が、B-25Hの型式名で1943年8月より生産に入り、

B-25H

計1,000機つくられた。

◆　◆

B-25G,Hの75㎜砲を必ずしも必要としない攻撃目標が増えたことに対処し、機首を再びガラス窓付きに戻し、爆撃手席を復活させた型が、1943年12月からB-25Jの名称でカンザスシティー工場で生産に入った。

機首先端の射撃兵装は.50口径機銃1～3挺に減じたが、新たに乗員室両側に同口径機銃を2挺ずつパック装備したことで前方指向射撃兵装は.50口径機銃7～9挺になった。また、太平洋戦域用として、機首を金属鈑で案ぎ、.50口径機銃8挺を固定し、地上攻撃能力を特別に強化したタイプが改造により造られている。

B-25Jは1945年8月までに計4,318機という各型を通して最も多くが生産され、且つB-25シリーズの最終生産型となった。

同時に採用されたマーチンB-26に比べ、速度、上昇力などが劣ったB-25だが、使い勝手の良さ、汎用能力の高さで勝り、ほとんどヨーロッパ戦域のみの配備にとどまったB-26に対し、計9,816機が生産された。太平洋戦域も含めたあらゆる戦域で活躍したB-25は、やはりアメリカ陸軍双発攻撃/爆撃機兵力の中核的存在だったと言える。

B-25J　●諸元/性能

全幅：20.60m、全長：15.82m、全高：4.98m、自重：8,836kg、全備重量：15,876kg、エンジン：ライトR-2600-29 空冷星型複列14気筒（1,700hp）×2、最大速度：438km/h、航続距離：2,173km、武装：12.7㎜機銃×12、爆弾：1,360kg、乗員：6名

B-25J
愛称はウィリアム・ミッチェル将軍に由来する

ダグラス A-20 ハボック（1938年）

A-20G

B-25,B-26とともに第二次世界大戦期のアメリカ陸軍双発攻撃/爆撃機トリオの一角を占めたのがA-20である。搭載したエンジンはB-25と同じライトR-2600系（1,600～1,700hp）だが、同機に比べて機体はひとまわり小型/軽量で、速度と低空域での機動性で勝っていた。

A-20開発の端緒は、1936年3月にノースロップ社がベンチャービジネスとして設計着手した「モデル7A」に遡る。しかし、途中で作業を中止、翌1937年に機体設計を改めた「モデル7B」として再開、1938年10月に初飛行を果たした。

もっとも、これに先立ちノースロップ社は、同

年1月ダグラス社に吸収合併されており、開発はダグラス社が引き継いだ形になっていた。

モデル7Bは最大速度489km、航続距離2,137kmとまずまずの性能を示したが、陸軍当局の反応は冷やかで、むしろ軍用機の近代化が遅れ、ナチス・ドイツの脅威に晒されていたフランスが本機に着目。同国の要求で改良を加えた社内名称DB-7（DBはDouglas Bomber——ダグラス爆撃機の意）として再設計に着手。1939年2月に100機、さらに10月には270機の追加発注を得た。

フランス空軍への納入は1940年1月から始まったが、同年6月に同国はドイツの侵攻をうけて

DB-7B（ボストンⅢ）（英軍機）

DB-7C（日本軍鹵獲機）

降伏してしまう。そこで生産中の残り184機分はイギリスが肩替り購入することになり、「ボストンⅠ」「同Ⅱ」の名称で配備。さらにエンジンをR-1830からR-2600に換装した改良型「DB-7A」100機は夜間戦闘機「ハボックⅡ」として、「DB-7B」300機の追加発注分は「ボストンⅢ」として配備するなど、ヨーロッパでの評価はきわめて高かった。

イギリスに続き、オランダ政府からもDB-7Bと同規格の「DB-7C」48機のオーダーを受けたが、約半数を納入したところで、オランダ本国もドイツの侵攻をうけて降伏。植民地の蘭印・ジャワ島（現：インドネシア）に送られた機体は、太平洋戦争緒戦期に日本軍の侵攻をうけ、その多くが未組立状態のままで破壊された。

◆　　　◆

ヨーロッパでの高評価をうけ、"本家"たるアメリカ陸軍も1939年6月にDB-7B規格の機体をA-20、およびA-20Aの名称でそれぞれ63機、143機発注したが、まだ数は少なかった。

しかし、自国の大戦参入が現実味をおびてきたことをうけ、1940年10月には武装強化などを図った戦時対応型のA-20Bが999機も発注された。さらに「レンドリース」（武器貸与）法の成立をうけ、連合国への本格支援用としてA-20Cがダグラス社・サンタモニカ工場で808機、ボーイング社で下請分として140機生産された。このうち200機

A-20A ●諸元/性能

全幅：18.69m、全長：14.50m、全高：5.35m、自重：6,878kg、全備重量：9,394kg、エンジン：ライト R-2600-3 空冷星型複列14気筒（1,600hp）×2、最大速度：558km/h、航続距離：1,086km、武装：7.62mm機銃×7、爆弾：1,179kg、乗員：3名

A-20A

A-20B

ダグラスA-20ハボック（1938年）

はイギリスに供与されて「ボストンⅢA」と命名された他、ソビエトにも多くが供与された。

　低空域での機動性に優れるA-20は、ヨーロッパ正面ではイギリス空軍への供与機が、大陸沿岸部のドイツ軍目標に対する夜間侵攻、地中海/北アフリカ方面での地上攻撃、太平洋戦域ではパラシュート破砕爆弾などを使った爆撃の他、船舶攻撃にも威力を発揮した。

　A-20Cに続くD型、E型、F型は排気タービン過給器の導入や、武装の変更などを試みた試作型で、生産には至らずに終っている。

◆　　　　◆

　1942年6月に発注され、翌1943年2月から納入が始まったA-20Gが、大戦後期の主力型となり、最終的には計2,850機という各型を通した最多生産型となった。

　本型は射撃兵装の強化を図ったのがポイントで、機首のガラス窓を廃して金属鈑で密閉、その内部に20mm機関砲×4、又は.50口径（12.7mm）機銃×6を装備した。エンジンもマイナーチェンジした

R-2600-23（1,600hp）に換装された。

　A-20Gもまたその多くがソビエトに供与され、ドイツ地上軍に対する攻撃に威力を発揮したのだが、A-20C、後述するA-20Hも含めたソビエトへのA-20供与数は、実に3,125機にも達している。

　双発機にしては小柄なA-20は、単発戦闘機ほどの機動性を求められない夜間戦闘機への転用も可能で、すでにイギリスは供与されたDB-7にサーチライト、消焔排気管を取り付けるなどした夜戦型をハボックⅠ、Ⅱと命名して使用していた。

　ヨーロッパ大戦初期のイギリス空軍の戦歴に倣い、初めての本格的夜戦をノースロップ社に開発させていた（のちのP-61）アメリカ陸軍は、同機が実用化されるまでの"つなぎ役"としてA-20改造の夜戦を急ぎ試作するようダグラス社に指示。こうして生まれたのがP-70だった。

　A-20の初号機を改造し、機首内部にイギリス製のAI Mk.Ⅳレーダーを、胴体下面に20mm機関砲4門をパック装備するなどした原型機XP-70は1942年に初飛行し、テスト後ただちにA-20改造

P-70

A-20G

のP-70×59機製作が発注された。

　P-70は訓練用として使われ、ひき続きA-20C/Gから改造されたP-70A×104機、レーダーを変更したB-70B×106機が製作され、1943年2月から南太平洋戦域に配備された。

　しかし、もとが攻撃機だけに本格夜戦として使うには性能不足は否めず、攻撃任務に転用されるなどして、めぼしい実績は残せずに終った。

◆　　　　◆

　A-20Gのあとは、同後期生産機に準じた機体のエンジンをR-2600-29（1,700hp）に換装したA-20Hがサンタモニカ工場で412機、A-20Gの機首をガラス窓付きに戻し、ノルデン爆撃照準器を備えたA-20Jが450機、そのA-20Jの機首を再び金属鈑密閉仕様に戻したA-20Kが413機生産され、その最終号機が1944年9月にロールアウ

トしたところで、足掛け5年に及んだA-20シリーズの開発が終焉した。総生産数は計7,385機に及んだ。

　なお、A-26Jのうち169機、A-20のうち90機がイギリスに供与され、それぞれボストンⅣ、同Ⅴの名称で配備された。

　また、A-20の3機、A-20J/Kの46機を改造し、カメラを装備した写真偵察機型X/YF-3、およびF-3Aが作られている。

A-20G ●諸元/性能

全幅：18.69m、全長：14.63m、全高：5.35m、自重：7,250kg、全備重量：12,337kg、エンジン：ライトR-2600-23 空冷星型複列14気筒（1,600hp）×2、最大速度：545km/h、航続距離：1,754km、武装：12.7mm機銃×8、爆弾：1,179kg、乗員：3名

A-20J

マーチン B-26 マローダー（1940年）

B-26 1号機

　1939年3月、当局が提示した次期新型双発爆撃機開発計画「39-640」に応じ、ノースアメリカン社の「NA-62」案（後のB-25）に1ヶ月遅れ、同年9月に採用されB-26の制式名称で生産発注されたのが、マーチン社の「モデル179」案だった。原型機の製作とそのテストを省き、いきなり1,100機の量産に入るというきわめてリスクの高い、前例のない措置が採られたのも、ノ社のB-25と同じだった。

　モデル179は、マーチン社の新進気鋭技師ペイトン・M・マグルーダーがまとめた案で、実用化の目途が立ったばかりの新型大出力エンジンP&W R-2800（1,850hp）を搭載し、空気抵抗減少を優先した真円断面の太い胴体、乗員室の上方への段差を極力低くした機首、高速を狙う見地から全幅19.8m、面積55.93㎡という、胴体の全長

17mの双発機にしては異例に小さい主翼を肩翼配置に組み合わせた、B-25とは対照的な新しいコンセプトを盛り込んだ設計だった。

　すでにヨーロッパ大戦が勃発していたこともあって、マーチン社は一丸となって作業の促進に務めた結果、B-26 1号機は発注から1年2ヶ月後の1940年11月25日に初飛行にこぎつけた。そして4号機までを使ったわずか113時間のテストを済ませたのち、翌1941年2月25日から第22爆撃航空群（22BG）を皮切りに部隊配備が始まった。

　ところが、部隊配備後の慣熟訓練中に着陸事故が多発、一部からB-26は欠陥機につき生産中止せよという声もあがった。大きな機体重量と小面積の主翼に起因する220kg/㎡という異様に高い翼面荷重のため、着陸速度が200km/h前後と、B-25に比べて約50km/hも速いので、パイロット

B-26

B-26A

の着陸操作がついていけなかったのが原因だった。この事故多発によりB-26にはウィドウ・メーカー（後家造り）などの有難くない仇名が奉られた。

　しかし、戦時下ということもあってB-26の生産、配備はそのまま続けられ、201機つくられたB-26に続き、武装変更などしたB-26Aが139機生産され、1942年4月以降に太平洋戦域、さらにイギリスに計51機供与されたB-26Aが、「マローダー（襲撃者）Ⅰ」と命名され北アフリカ戦線で実戦投入された。

　因みに、太平洋戦域に配備されたB-26部隊は22BG、38BGの2個爆撃航空群のみで、この両隊の4機が、1942年6月4日（日本時間5日）のミッドウェー海戦で、魚雷を懸吊して雷撃を試みた（戦果なしで2機が撃墜された）のは、B-26の戦歴を通しても稀有な例だった。

◆　　　◆

　相変らず事故が続いたB-26に対し、当局は1942年3月、特別委員会を開いて生産の一時中断、そのうえで主翼面積の増加による翼面荷重、および着陸速度の低減策を講じるようマーチン社に勧告した。

B-26　　　　　●諸元/性能

全幅：19.81m、全長：17.07m、全高：6.00m、自重：9,695kg、全備重量：12,338kg、エンジン：P&W R-2800-5 空冷星型複列18気筒（1,850hp）×2、最大速度：507km/h、航続距離：2,200km、武装：7.62mm機銃×2,12.7mm機銃×3、爆弾：2,177kg、乗員：5名

B-26B-45

B-26C-15

そして、同年5月に生産再開したときラインに乗ったのがB-26Bである。本型は防御武装の強化、エンジンをR-2800-41（1,920hp）、又は同-43（2,000hp）へ換装するとともに、主翼を全幅21.64m、面積61.13㎡にするなどの措置を講じたことがポイントだが、主翼の変更は初期の生産ブロックには間に合わず、1943年1月から納入開始したB-26B-10以降となった。

B-26B-10では、機首両側にB-25と同様の.50口径（12.7mm）機銃を2挺ずつパック増備し、垂直尾翼を76cm高くするなどの措置も講じられた。B型はブロック-55まであり、合わせて計1,883機生産された。このうち19機がイギリスに供与され「マローダーⅠA」の名称を与えられている。

1942年11月、アメリカ陸軍のB-26は北アフリカのアルジェリアにて、翌1943年5月にはイギリス本土から大陸沿岸部のドイツ軍要衝に対する爆撃作戦に加わった。

この頃になると、パイロットもB-26の特性に慣れてきて、以前の如き事故率の高さは改善され、B-25を凌ぐ飛行性能が見直されて、現場での評価も高くなった。

1943年10月、戦術航空軍としての第9航空軍が、地中海方面からイギリスに移動すると、B-26部隊は次々と傘下に入り、翌1944年5月までに8個航空群を数えるまでになった。

B-26は中高度からの編隊爆撃、さらに夜間の精密爆撃に威力を発揮し、1944年6月の連合軍によるノルマンディー上陸作戦を成功に導くのに寄与した。

◆　　　　　◆

B-26Bまでの生産はすべてマーチン社バルチモア工場で行なわれていたが、需要の増加によりB-26Bと同規格の機体をオマハ工場でも生産することになり、区別するために同工場製にはB-26Cの型式名が割り当てられた。ブロックはC-5から

B-26C-45

B-26F-1

C-45まであり、計1,210機つくられている。このうち100機がイギリスに供与され「マローダーII」の名称を付与された。

XB-26Dは表面加熱式防氷装置、XB-26Eは軽量化対策の実験機で、B-26およびB-26Bを改造してつくられたが、生産には至っていない。

B-26Cに続いた生産型は、離陸性能向上のため、主翼取付角を3.5度増しの7度にしたB-26F。この措置により飛行中は少し機首を下げる恰好となり、パイロットの前方視野が少し広くなった。バルチモア工場でのみ計300機生産され、うち200機がイギリスに供与されて「マローダーIII」と命名された。

このB-26Fの機内各装備品を、陸海軍統規格にして生産効率の向上を図たのが、最終生産型となったB-26G。バルチモア工場で計893機生産。このうち57機は訓練、および標的曳航機に改造されてTB-26Gとなり、一部は海軍に移管されてJM-2の名称を付与されたほか、150機がイギリスに供与され、B-26Fと同じ「マローダーIII」の名称で使われている。

XB-26Hは、マーチン社が1944年に開発受注したジェット爆撃機XB-48の、降着装置研究用にB-26Gを改造した実験機である。

1945年3月30日、B-26Gの最後の1機がロールアウトして、足掛け6年に及んだ開発は終焉した。総生産数は5,157機で、B-25のそれの半分強、パイロットにとっても決して扱い易い機体でなかったことも事実である。だが、連合国側のヨーロッパ大戦勝利への貢献度はきわめて大きかった。

B-26C ●諸元/性能

全幅：21.64m、全長：17.65m、全高：6.55m、自重：10,886kg、全備重量：17,327kg（過荷）、エンジン：P&W R-2800-43 空冷星型複列18気筒（2,000hp）×2、最大速度：454km/h、航続距離：1,850km、武装：12.7mm機銃×12、爆弾：1,360kg、乗員：7名

B-26G

カーチス AT-9 ジープ（1941年）

双発機乗員の高等訓練用機として、カーチス社が1941年に原型機を完成させたのがAT-9。魚の形状に似たスマートな胴体と、その機首よりも先に突き出るように配置した、左右の太いエンジンナセルが特徴の小柄な双発機である。

原型機の胴体、主翼外皮は羽布張りだったが、1942年から納入が始まった生産型では金属鈑に変更された。エンジンの違いによるAT-9とAT-9Aが、それぞれ491機、300機、計791機生産された。

AT-9	●諸元/性能
全幅：12.29m、全長：9.65m、全高：2.99m、自重：2,011kg、全備重量：2,749kg、エンジン：ライカミングR-680-9 空冷星型9気筒（295hp）×2、最大速度：317km/h、航続距離：1,207km、武装：——、爆弾：——、乗員：2名＋他2名	

ビーチ AT-10 ウィチタ（1941年）

戦時下のアルミニウム合金不足を予測し、ビーチ社が胴体と主翼を木製構造にした双発高等練習機として開発し、1941年から納入を開始したのがAT-10。主翼内の燃料タンクもゴム張りの木製だった。カーチスAT-9と同規模の機体で、搭載エンジンも同じ、性能も似たようなものだったが、需要は本機のほうが高く、ビーチ社のウィチタ工場で1,771機つくられた他、グローブ社でも下請生産分600機がつくられ、合計生産数は2,371機に達した。

AT-10	●諸元/性能
全幅：13.41m、全長：10.46m、全高：3.15m、自重：2,150kg、全備重量：2,780kg、エンジン：ライカミングR-680-9 空冷星型9気筒（295hp）×2、最大速度：318km/h、航続距離：1,240km、武装：——、爆弾：——、乗員：2名＋乗客2名	

スチンソン O-49 ビジラント（1940年）

　1939年末、観測機の新たな定義として、最前線における局地的観測/連絡に適する機体が生まれ、とくに短距離の離着陸（STOL）性能を重視した競争試作が行なわれ、採用を勝ち取ったのがO-49。スチンソン社にとっては初めての軍用機生産受注で、スロッテッド・フラップと、全スパンに及ぶ自動前縁スラットが特徴だった。計324機生産され、改造による各型式を含め、1942年の機種記号変更により、L-1、およびL-1A～Fと改称した。

O-49A ●諸元/性能
全幅：15.52m、全長：10.44m、全高：3.10m、自重：1,210kg、全備重量：1,550kg、エンジン：ライカミングR-680-9 空冷星型9気筒（295hp）×1、最大速度：196km/h、航続距離：450km、武装：——、爆弾：——、乗員：2名

カーチス O-52 アウル（1941年）

　O-49が初飛行した1940年、当局は旧式化したO-46の後継機を得るためにカーチス社が提示していた社内名称「モデル85」を、O-52の制式名称で生産発注した。従来までの観測機像を継いだ最後の機体で、パラソル形態主翼と引込式主脚が特徴だった。

　海軍のSB2C艦爆と同じ折りたたみ式の後部風防内に、.50口径（12.7mm）の防御機銃を備えている。計203機発注されたが、大戦中は実戦に使われる機会がないまま、練習機としての運用に終始した。

O-52 ●諸元/性能
全幅：12.41m、全長：7.75m、全高：2.82m、自重：1,920kg、全備重量：2,435kg、エンジン：P&W R-1340-51 空冷星型9気筒（600hp）×1、最大速度：352km/h、航続距離：1,120km、武装：12.7mm機銃×1、爆弾：——、乗員：2名

ノースアメリカン P-64 （1939年）

ノースアメリカン社が自主開発したNA-16基本練習機をベースにして、エンジン換装、射撃兵装の追加などを施し、小国向けの低価格戦闘機に仕立てたのがNA-50だった。ペルー政府から7機、タイ政府から6機のオーダーがあったが、後者は受領する前に日本軍の進駐をうけたため輸出を中止された。

このタイ向け分をアメリカ陸軍が肩替り購入し、P-64と命名したが、さすがに実戦用にはならず、練習機として使われたのみに終った。

P-64（NA-68）	●諸元/性能

全幅：11.35m、全長：8.22m、全高：2.74m、自重：2,114kg、全備重量：2,717kg、エンジン：ライトR-1820-77 空冷星型9気筒（870hp）×1、最大速度：435km/h、航続距離：1,014km、武装：7.62mm機銃×2,20mm機関砲×2、爆弾：249kg、乗員：1名

バルティー P-66 ヴァンガード （1939年）

1939年9月、バルティー社は自主開発により社内名称「モデル48」と称した単発戦闘機を完成させた。これに注目したスウェーデン政府から144機のオーダーを受けたものの、アメリカ政府の思惑でイギリス、次いで中華民国向けの輸出に変更された。

しかし太平洋戦争勃発により144機のうち約50機がアメリカ本土にとどまったままとなり、陸軍がP-66の名称を与えて肩替わり購入し、練習機として使用した。

P-66	●諸元/性能

全幅：10.97m、全長：8.63m、全高：2.87m、自重：2,376kg、全備重量：3,221kg、エンジン：P&W R-1830-33 空冷星型複列14気筒（1,200hp）×1、最大速度：547km/h、航続距離：1,368km、武装：7.62mm機銃×4、12.7mm機銃×2、爆弾：——、乗員：1名

フェアチャイルド PT-19,PT-23,PT-26 コーネル（1939年）

戦後の1947年、NACAで
運用されるPT-19A

　フェアチャイルド社が、社内名称「M-62」とし
て自主開発した陸軍向けの基本練習機は、1939年
3月に初飛行しPT-19の名称で採用。大戦勃発後
の需要急増により、他社の下請生産分を含め、計
4,589機もつくられる大ベストセラー機となった。

　このPT-19のエンジンを、空冷のコンチネンタ
ルR-670-5（220hp）に換装したのがPT-23で、
各社計1,125機生産された他、PT-19をカナダ空

軍用に改修したPT-26が、1,727機つくられた。

PT-19A	●諸元/性能

全幅：10.97m、全長：8.45m、全高：2.32m、自重：
837kg、全備重量：1,154kg、エンジン：レンジャー
L-440-3　空冷直列6気筒（200hp）×1、最大速度：
212km/h、航続距離：644km、武装：——、爆弾：——、
乗員：2名

フェアチャイルド AT-21 ガンナー（1942年）

　B-17,B-24の両四発大型爆撃機の大量就役が予
測された大戦初期、当局はその乗員訓練のための
専用機として、フェアチャイルド社にXAT-13、
XAT-14の名称で開発を要求した。

　そして、後者をベースにした動力旋回銃塔を操
作する銃手の専用訓練機として、AT-21が試作さ
れ、原型機は1942年に初飛行。テストののち採
用され、他社下請分も含めて計175機つくられた。

しかし、大戦後期には中古の爆撃機を訓練に使う
のが一般化し、AT-21の存在価値は薄らいだ。

AT-21	●諸元/性能

全幅：16.05m、全長：11.58m、全高：4.00m、自重：
3,925kg、全備重量：5,670kg、エンジン：レンジャー
V-770-15　空冷倒立V型12気筒（520hp）×2、最大
速度：362km/h、航続距離：1,464km、武装：7.62mm
機銃×3、爆弾：——、乗員：5名

ライアン PT-16〜22 リクルート（1939年）

PT-22

は金属製だが、支柱と張線で支持された単葉主翼の外皮は羽布張りだった。

しかしPT-16は実用試験のための15機が発注されたのみで、生産型は各部を改修したPT-20の名称で30機、エンジンをR-440に換装したPT-21が100機つくられた。

このPT-21のエンジンをさらに高出力のR-540-1（160hp）に換装した型がPT-22となり、1941年に1,023機発注されて、シリーズ中の最多生産型となった。

民間向けの小型スポーツ機メーカーとして知られたライアン社は、1939年にSTA-1と称する機体を完成させ、基本練習機の名目で陸軍に提示。テストの結果、PT-16の名称で採用された。骨組

PT-22	●諸元/性能

全幅：9.17m、全長：6.86m、全高：2.08m、自重：596kg、全備重量：844kg、エンジン：キンナー R-540-1 空冷星型5気筒（160hp）×1、最大速度：210km/h、航続距離：560km、武装：――、爆弾：――、乗員：2名

エアロンカ L-3 グラスホッパー（1941年）

L-3B

1941年、陸軍は先に採用したスチンソンL-1（O-49）よりも、さらに低出力エンジン搭載の軽観測機を得るため、すでに民間向けに販売されていたテイラークラフト、エアロンカ、パイパーの3社製小型軽旅客機を各4機ずつ納入させてテストし、それぞれを採用した。

このうちエアロンカ社の「モデル65TC」がO-58として50機発注され、1942年以降L-3と改

称したのちも含め、計1,435機生産された他、民間から徴用した各型計48機が在籍した。

L-3	●諸元/性能

全幅：10.67m、全長：6.40m、全高：2.34m、自重：392kg、全備重量：590kg、エンジン：コンチネンタル O-170-3 空冷水平対向4気筒（65hp）×1、最大速度：140km/h、航続距離：305km、武装：――、爆弾：――、乗員：2名

パイパー L-4 グラスホッパー（1941年）

L-4B

L-2、L-3と同様、1941年に民間用軽小型旅客機を転用して採用された、パイパー社の機体がO-59。1942年にL-4と改称したのちも含め、3社のなかでは最も多い、各型計5,549機も生産され大ベストセラー機となった。この他、民間に販売されていた「J-3」シリーズが計111機徴用され、L-4C〜Fの名称で使われている。

なおL-2〜L-4の共通愛称「グラスホッパー」とは"バッタ"の意で、前線の狭い草地からでも軽快に離着陸する様になぞらえて命名された。

L-4　●諸元/性能
全幅：10.79m、全長：6.70m、全高：2.03m、自重：331kg、全備重量：553kg、エンジン：コンチネンタルO-170-3 空冷水平対向4気筒（65hp）×1、最大速度：137km/h、航続距離：305km、武装：——、爆弾：——、乗員：2名

インターステート L-6（1942年）

XL-6

L-2〜L-4グラスホッパーと同様の小型軽観測機シリーズの一還として、インターステート社が1940年以降生産していた、S-1B「カデット」複座練習機のエンジンを、ライカミングXO-200-5（100hp）に換装したうえで採用されたのがO-63だった。

1942年の名称基準変更により、L-6と改称した。機体サイズ的にはL-2〜L-4と同程度だが、エンジン出力が少し大きい分速度、航続力で勝った。しかし、生産数は250機と少なかった。

L-6　●諸元/性能
全幅：10.90m、全長：7.16m、全高：2.60m、自重：500kg、全備重量：748kg、エンジン：ライカミングO-200-5 空冷水平対向4気筒（102hp）×1、最大速度：167km/h、航続距離：864km、武装：——、爆弾：——、乗員：2名

ウェイコ CG-3 (1941年)

ヨーロッパ大戦初期にドイツ軍が世界に先駆けて実践した、兵員輸送用グライダーを使った空挺作戦に刺激をうけたアメリカ陸軍が、1941年ウェイコ社に発注して最初に配備したのがCG-3。鋼管骨組に羽布張り外皮構造の胴体内に兵士8名を収容でき、正副パイロット2名も着陸後は兵士として戦う。

CG-3は計500機生産発注されたものの、兵員収容数が少ないことを理由に、100機つくられたのみで主に訓練用機としての使用にとどまった。

CG-3	●諸元/性能
全幅：22.20m、全長：14.80m、全高：—、自重：926kg、全備重量：1,993kg、エンジン：—、最大曳航速度：192km/h、航続距離：—、武装：—、爆弾：—、乗員：2名+兵士8名	

ウェイコ CG-4 (1941年)

少数生産にとどまったCG3に代わり、実質的に最初の実戦配備輸送グライダーとなったのがCG-4。CG-3のすぐあとに試作、生産発注が行なわれ、1942年からウェイコ社を含めた16社を動員しての大量生産が行なわれた。その数は実に約1万4000機近くにも達している。

機体構造はCG-3に準じ、兵士13名と正副パイロット2名の他、ジープ、曲射砲などの貨物輸送機としても使用できた。1943年7月のシシリー島上陸作戦で、初めて実戦に投入された。

CG-4	●諸元/性能
全幅：25.50m、全長：14.70m、全高：3.80m、自重：1,684kg、全備重量：3,405kg、エンジン：—、最大曳航速度：193km/h、航続距離：—、武装：—、爆弾：—、乗員：2名+兵士13名	

ロッキード A-28,A-29 ハドソン（1941年）

A-29

1938年に、ロッキード社が民間向け双発旅客機として初飛行させた「モデル14」は非常な成功を収め、これに着目したイギリス政府は軽爆撃機への転用を要求し、「ハドソン」の名称で大量に発注した。

これに刺激されたアメリカ陸軍も1941年4月以降、A-28の名称で450機、さらに胴体内部艤装を変更し兵員輸送機としても使えるようにした機体を、A-29、A-29Aの名称で計800機調達した。一部は写真偵察機に改造されA-29Bとなった。

A-28A　　●諸元/性能
全幅：20.00m、全長：13.50m、全高：3.60m、自重：5,990kg、全備重量：8,400kg、エンジン：P&W R-1830-67 空冷星型複列14気筒（1,200hp）×2、最大速度：420km/h、航続距離：3,480km（最大）、武装：7.62mm機銃×5、爆弾：720kg、乗員：5名

マーチン A-30 バルチモア（1941年）

A-30A

マーチン社が開発し、1941年6月に初飛行した双発爆撃機「モデル187B」は、イギリス政府からの要求を入れ「バルチモア」の名称で、仕様変更を重ねながら結果的に総計1,575機の生産を記録する成功作になった。

これらのうち、アメリカ陸軍もバルチモアⅢA,Ⅳ,Ⅴにそれぞれ A-30,A-30A-1,A-30A-5,A-30A-10,A-30A-30の名称を与えて一定数を配備しようと試みたが、結局は実際に就役することなく終った。

A-30A　　●諸元/性能
全幅：18.70m、全長：14.80m、全高：4.33m、自重：7,200kg、全備重量：10,270kg、エンジン：ライト R-2600-29 空冷星型複列14気筒（1,700hp）×2、最大速度：515km/h、航続距離：1,480km、武装：7.62mm機銃×11、爆弾：908kg（最大）、乗員：4名

ダグラス A-24 バンシー（1941年）

A-24

ヨーロッパ大戦の緒戦期における、ドイツ空軍のユンカースJu87"シュトゥーカ"急降下爆撃機の活躍に刺激をうけたアメリカ陸軍は、同様な機体を早急に装備するべく、当時就役していた海軍のダグラスSBD-3Aドーントレス艦上爆撃機をA-24の名称で採用。1940年6月に78機の生産を発注した。

機体は基本的にSBD-3Aと同じだったが、着艦フックは撤去され、尾輪を空気タイヤに変更、無線機を陸軍規格に改めるなどの違いがある。

A-24は1941年6月から10月の間に全て納入されたが、翌1942年にはSBD-4に相当するA-24Aが170機、SBD-5に相当するA-24Bが615機も追加発注され、これらは1943年11月までに全て納入完了した。

A-24は、太平洋戦争勃発直後に計52機がオーストラリアに急派されたのを皮切りに、以降、主として南太平洋戦域に配備されたが、ミッドウェー海戦での海軍のSBDのような華々しい戦果には恵まれず、地味な存在に終始した。

A-24	●諸元/性能

全幅:12.66m、全長:9.96m、全高:4.14m、自重:2,804kg、全備重量:4,052kg、エンジン:ライト R-1820-52 空冷星型9気筒（1,000hp）×1、最大速度:402km/h、航続距離:2,090km（最大）、武装:7.62mm機銃×2,12.7mm機銃×2、爆弾:544kg、乗員:2名

A-24

リパブリック P-43 ランサー（1939年）

YP-43

　1939年5月、セバスキー社はP-35の発展型であるXP-41と、自主開発の社内名称「AP-4」の2機の試作機をもって、陸軍の次期新型戦闘機競争審査に臨んだ。

　残念ながら、このときはカーチス社のXP-40が勝者となったが、当局はAP-4にも関心を示し、改めて実用試験機としてYP-43の名称を与え、13機の製作を発注した。その直後の10月、セバスキー社は改組して社名をリパブリック社と改めた。

　YP-43は翌1940年9月に1号機が初飛行、テストの結果P-40Bと同程度の最大速度565km/hを示したことから、当局は生産型P-43を54機発注した。

　P-43は、P&W R-1830エンジン（1,200hp）を搭載した、P-35をひとまわり大型化したような機体で、排気タービン過給器を併用する高々度戦闘機という位置づけだった。

　P-43は1941年5月から納入され始めたが、ヨーロッパ大戦の現状からして性能は不十分とみなされ、続いてP-43A×80機が追加発注されたものの、それ以上のアメリカ陸軍向けの発注は行なわれなかった。

　なお、レンドリース法に基づき、P-43Aに準じたP-43A-1×125機が中華民国向けに生産され、うち108機が引き渡されて大陸にて日本軍機と散発的に交戦した。残りの17機はアメリカに残され、カメラを装備して偵察機に転用された。

P-43

P-43　●諸元/性能

全幅：10.97m、全長：8.68m、全高：4.26m、自重：2,565kg、全備重量：3,534kg、エンジン：P&W R-1830-47 空冷星型複列14気筒（1,200hp）×1、最大速度：562km/h、航続距離：1,287km、武装：7.62㎜機銃×2,12.7㎜機銃×2、爆弾：——、乗員：1名

バルティー A-31,A-35 ベンジャンス（1940年）

A-35A

ドイツ空軍のJu87に対抗できる急降下爆撃機を得るため、フランス政府はバルティー社に社内名称「V-72」と称する機体の開発、および300機の生産を発注した。1939年当時としては高出力のライトR-2600エンジン（1,600hp）を搭載し、胴体内爆弾倉に500lb（ポンド）爆弾2発を懸吊できる複座機だった。

しかし、生産機を受領する前にフランスはドイツ軍の侵攻をうけて降伏してしまったため、イギリスが肩替り購入することになり、「ベンジャンス（復讐）Ⅰ、Ⅱ」の名称で1942年1月から受領開始した。イギリスはさらに600機を追加発注したが、うち200機がレンドリース用としてアメリカ陸軍が購入しへA-31と命名した。

射撃兵装、爆弾搭載量を強化した改修型はベンジャンスⅣ-Ⅰ、Ⅳ-Ⅱ（アメリカ陸軍名称はA-35A、B）として発注され、1944年6月に生産終了するまでに各型計1,931機つくられた。

イギリス向けのベンジャンスは、合計1,300機にも達したが、ビルマ方面での対日戦に使われた程度で、アメリカ陸軍機としての実戦参加はないままに終った。これはイギリス空軍、アメリカ陸軍の航空作戦上、ベンジャンスのような機体の必要性が低下したことに起因する。

A-35B　●諸元/性能

全幅：14.63m、全長：12.12m、全高：4.67m、自重：4,672kg、全備重量：7,439kg、エンジン：ライト R-2600-13 空冷星型複列14気筒（1,700hp）×1、最大速度：449km/h、航続距離：887km、武装：12.7mm機銃×7、爆弾：680kg、乗員：2名

A-31

カーチス XP-46（1941年）

P-40のさらなる格段の性能向上を狙い、機首まわりの再設計、主脚引込法の変更、主翼前縁への自動スラット追加、射撃兵装の大幅強化などを試みた機体がXP-46である。

しかしエンジンがP-40Dと同じアリソンV-1710-39（1,150hp）だったこともあり、1941年9月29日に初飛行した原型1号機の最大速度は571km/hどまりで、P-40Dの563km/hとあまり変わらず、採用の意義なしと判定され開発中止を通告された。

XP-46	●諸元/性能

全幅：10.49m、全長：9.19m、全高：3.96m、自重：2,552kg、全備重量：3,477kg、エンジン：アリソンV-1710-39 液冷V型12気筒（1,150hp）×1、最大速度：571km/h、航続距離：523km、武装：7.62mm機銃×8、12.7mm機銃×2、爆弾：——、乗員：1名

カーチス A-25 シュライク（1942年）

A-25A

A-24につづき、海軍がSBDの後継機としてカーチス社に開発させていた、SB2Cヘルダイバー艦上爆撃機も陸軍が採用することとなり、A-25と命名された。

原型1号機は1942年9月に初飛行し、SB2C-1に準じた生産型A-25Aの900機生産が発注された。しかしA-31,A-35がそうであったように、陸軍の航空作戦上A-25のような機体の必要性は低下する一方となったため、約半数が海兵隊に移管され、残りは訓練用機などとして使われた。

A-25A	●諸元/性能

全幅：15.15m、全長：11.17m、全高：4.01m、自重：4,500kg、全備重量：7,445kg、エンジン：ライトR-2600-8 空冷星型複列14気筒（1,700hp）×1、最大速度：439km/h、航続距離：2,213km、武装：7.62mm機銃×2,12.7mm機銃×4、爆弾：907kg、乗員：2名

カーチス C-46 コマンド（1940年）

C-46A

ダグラス社がDC-2,DC-3とたて続けに民間旅客機の成功作を生み出したことに刺激をうけたカーチス社は、1936年に社内名称「CW-20」と称した大型双発旅客機の自主開発に着手。1940年3月に原型機を初飛行させた。

CW-20は、高出力のライトR-2600エンジン（1,700hp）を搭載し、全幅、全長ともに四発爆撃機B-17を凌ぐという、かつてない巨大な双発機で、西洋梨型の独特の断面をした太い胴体内に、乗客36名と3,700kgの荷物を収容できた。

しかし、ヨーロッパ大戦が勃発したことで民間エアライナーとしての活躍場がなくなり、その能力に着目した陸軍が、軍用輸送機C-46として採用。戦後にかけて各型計3,170機も生産され、各方面で広く使われた。

B-29爆撃機が日本本土空襲を開始するにあたり、中国大陸奥地に本拠基地を構えたことで、燃料、弾薬、物資、地上要員などをインドからヒマラヤ山系を越えてピストン輸送するいわゆる"ハンプ越え"と通称された任務は、C-46の功績のうち最も有名なものだった。因みに戦後の1955年以降、日本の航空自衛隊でも、中古のC-46×48機を購入し、1978年まで使用した。

C-46A ●諸元/性能

全幅：32.92m、全長：23.27m、全高：6.63m、自重：13,381kg、全備重量：20,412kg、エンジン：P&W R-2800-51 空冷星型複列18気筒（2,000hp）×2、最大速度：435km/h、航続距離：5,069km、搭載量：6,800kg、乗員：4名+兵士50名

C-46

ロッキード XP-49（1942年）

P-38の生産発注をうけた直後の1939年9月、ロッキード社は同機の発展型であるXP-49の設計に着手した。主翼と中央胴体はP-38のそれを流用し、エンジンは高出力2,200hpのP&W X-1800A、又はライトR-2160を搭載予定にした。

しかし、両エンジンが開発中止となったため、代わりにコンチネンタルXIV-1430（1,600hp）を搭載して1942年11月に初飛行したものの、72%の出力ではP-38にも劣る最大速度しか出ず、敢えなく開発中止を通告された。

XP-49	●諸元/性能

全幅:15,84m、全長:12.21m、全高:2.97m、自重:7,014kg、全備重量:9,050kg、エンジン:コンチネンタルXIV-1430-13/-15 液冷倒立V型12気筒（1,600hp）×2、最大速度:653km/h、航続距離:1,094km、武装:12.7mm機銃×4,20mm機関砲×2、爆弾:——、乗員:1名

グラマン XP-50（1941年）

グラマン社が海軍の要求で開発した異色の双発艦上戦闘機XF5F-1は、海面上昇率1,222m/分という素晴らしい上昇性能を示したため、陸軍もこれに注目して陸上型をXP-50の名称で試作発注し、原型機は1941年5月に初飛行した。

XF5F-1と異なるのは降着装置が前脚式となり、排気タービン過給器を併用、艦上機装備を撤去したこと。しかし、初飛行当日に排気タービン過給器から出火して機体は炎上、墜落して失なわれたことで当局に見限られ、開発中止となった。

XP-50	●諸元/性能

全幅:12.80m、全長:10.03m、全高:3.47m、自重:3,712kg、全備重量:5,439kg、エンジン:ライトR-1820-67/-69 空冷星型9気筒（1,200hp）×2、最大速度:687km/h、航続距離:890km、武装:12.7mm機銃×2,20mm機関砲×2、爆弾:90kg、乗員:1名

ノースアメリカン P-51 マスタング（1940年）

ノースアメリカン P-51 マスタング （1940年）

P-51D

戦後、各国の航空識者たちがこぞって"第二次世界大戦期の最優秀戦闘機"と絶賛した機体、それがP-51マスタングである。その誕生と成功に至る経緯もまた劇的で、現代に至るも多くの大戦機フリークの興味をかき立てて止まない。

ヨーロッパ大戦が勃発しドイツ空軍の精強ぶりを目の当りにしたイギリスは、自国の航空機生産力だけでは対抗できないという危機感を抱いた。そして連合国側の兵器庫たる存在のアメリカに兵器購入使節団を派遣し、1940年4月までに各メーカーに対し、総計1万機を越える生産発注を行なった。

当時アメリカ陸軍の新鋭戦闘機だったP-40も買い付けの対象となり、使節団はカーチス社に発注を打診した。しかし同社としても自国の需要分を賄わねばならず、早急には応じられなかった。

そこで、使節団はP-40を下請生産してくれるメーカーを探すことになり、ノースアメリカン社を訪ねた。ところが、意外なことに同社の返事は"それよりも、P-40を凌ぐ性能の機体を我社が開発して提供できるが、どうか？"というものだった。

それまで、戦闘機開発の経験すら無いに等しいノ社の提案に使節団も戸惑ったが、他に選択肢はあまりなかったため、これに賭けることにし、1940年5月29日、工場引き渡し価格が1機5万ドル、計320機の生産契約を交わした。付帯条件が厳しく、原型機は契約日から120日以内に完成させるべしとなっていた。当時の常識からして、新規開

NA-73X

A-36A

ノースアメリカン P-51 マスタング（1940年）

発には最低でも1年〜1年半は要するとみられて
いただけに、これは破格の超短期開発である。

◆　　　　◆

ノ社では契約翌日の5月30日から、技術陣が夜
を日に継いでの突貫作業を開始、約束どおり117
日目の9月24日に社内名称「NA-73X」と称した
原型機を完成させる快挙を成し遂げる。

NA-73Xは、P-40と同じアリソンV-1710エン
ジンを搭載したが、機体は戦闘機設計経験が無い
に等しい技術陣の作とは思えぬほどに素晴らしく
洗練された外観で、素人目にもP-40との差は歴
然だった。

実は、主任技師のレイモンド・H・キンデルバ
ーガーは、1938年末〜1939年初めにかけてイギ
リス、フランス、ドイツの主要航空機メーカーを
視察し、将来の戦闘機がどうあるべきかを入念に
検討しており、実際に設計した経験はなかったが、
要点は十分に把握していたのだ。NA-73Xが初め
ての採用例となった、層流翼型断面の主翼、絶妙
な配置の冷却器（ラジエーター）まわりなどの傑出

した設計部位は、こうした技術陣たちの蓄えてい
た英知があったればこその結果だった。

テストの結果、NA-73Xの最大速度は、P-40
を40km/hも凌ぐ600km/hを記録。これには発注
主のイギリスもビックリ仰天で、ただちに「マスタ
ング（北米の野生馬）I」の制式名称で実戦配備
を急ぐことにした。

1942年1月、第26飛行中隊を皮切りに就役を
開始したマスタングIだったが、現場では純粋な
戦闘機としてよりも、カメラを装備しての武装偵
察や対地攻撃任務に向いていると判断。本土から
海峡を越えての大陸内ドイツ軍要地に対する出撃
を反復した。

これは、高速はともかくとしてマスタングIは

P-51A　　　　　　　　　　　●諸元/性能

全幅：11.27m、全長：9.82m、全高：3.70m、自重：
2,918kg、全備重量：3,901kg、エンジン：アリソン
V-1710-81 液冷V型12気筒（1,200hp）x1、最大速
度：628km/h、航続距離：563km（正規）、武装：12.7
mm機銃x4、爆弾：――、乗員：1名

P-51A

P-51B

ノースアメリカン P-51 マスタング（1940年）

機体規模の割りには重量が重く、旋回性能がスピットファイアに劣ること、アリソンエンジンの特性で高空性能もやや低いこと、航続力が大きいので武装偵察、対地攻撃などの長距離作戦に適していると評価されたためである。

◆　　　◆

　1941年3月、レンドリース法が議会で可決され、国外に供与されるアメリカ兵器はまず陸、海軍が発注主となってメーカーに生産させ、それを貸与するという形を採ることになった。

　その結果、イギリス向けのマスタングも、1941年9月発注分の20mm機関砲装備仕様150機はアメリカ陸軍名称P-51-NAとなり、イギリス空軍名称もマスタングIAとなった。

　当初、P-51に対しほとんど無関心だったアメリカ陸軍も、太平洋戦争が勃発したことをうけ、航空兵力拡充の一環としてP-51の配備を検討。改めてP-39,P-40などとの模擬空戦を行なった結果、それらを一蹴する高性能を再確認した。

　イギリス向けのマスタングIAのうち、57機をカメラ装備の戦闘偵察機として配備したのを手始めに、ノ社から提案されていた地上攻撃機型NA-97案を採用し、A-36Aの名称で500機発注した他、初めての純戦闘型として、.50口径（12.7mm）機銃4挺装備仕様をP-51Aの名称で、計310機発注した。

　A-36Aは主に地中海/北アフリカ方面に、P-51Aは主にインド、ビルマ、中国大陸方面に配備され、

それぞれドイツ/イタリア軍、日本軍を相手に戦った。

　なお、アメリカ陸軍ではP-51の愛称を当初「アパッチ」としていたが、1942年7月イギリス空軍に倣ってマスタングに変更している。

◆　　　◆

　P-39やP-40を凌ぐ性能を示したものの、いまひとつ主力機になりきれていなかったP-51に大きな転機が訪れたのは1942年10月。イギリス空軍が本機の弱点でもあった高空性能の低さを改善するため、マスタングIのエンジンを自国製の傑作、ロールスロイス「マーリン60」系に換装してテストしたところ、なんと最大速度が80km/h近くも上まわる693km/hを記録。主目的だった高度6,000m以上での性能改善も顕著なうえ、同高度までの上昇時間が4分42秒も短縮され6分18秒になるなどの素晴らしさだった。

　このテスト結果はただちにアメリカ陸軍にも報告され、即座にマーリン60系エンジンへの換装型がP-51Bとしてノ社イングルウッド工場に1,988機、さらに同じ仕様を別途ダラス工場にP-51Cの名称で1,750機が発注された。マスタングは一夜にして劇的に変身し、真に主力戦闘機として遇される存在になった。

　P-51B/Cは1943年5月、8月から両工場で完成し始め、同年12月イギリス本土駐留の第8航空軍隷下第354戦闘航空群（354FG）を皮切りに、四発爆撃機を護衛しての大陸方面への出撃を開始

した。

　最大速度707km/hの高速と、ドイツ本土最深部までを往復できる3,300km余の大航続力を誇るP-51B/Cの登場により、それまでドイツ戦闘機による迎撃で被害が大きかった四発重爆隊の損耗率は劇的に改善。これは、1944年2月、7月から、両工場で量産に入った改良型P-51Dの登場で一層顕著となり、連合軍のヨーロッパ大戦勝利に大きく貢献した。

　P-51Dは1944年末になって太平洋戦域にも配備され、翌1945年4月以降、硫黄島基地からB-29を護衛して日本々土にも侵攻したが、既に航空戦力が枯渇していた日本陸海軍には、まともに対抗できる戦闘機が存在しなかった。

　P-51Dのあと、軽量化を図った実験機XP-51F、XP-51Gを経て生産型P-51Hが2,000機発注さ

れた。しかし、戦争終結により555機つくったところで残りはキャンセルとなり、実戦参加も叶わなかった。

　P-51KはP-51Dのプロペラ変更型、F-6各型はP-51各型を改造した、カメラ装備の戦闘偵察機型である。

　P-51の総生産数は、D型8,102機、K型1,500機を含めて計14,819機で、これはP-47の15,683機に次ぐアメリカ戦闘機史上2位の記録である。

P-51D　●諸元/性能

全幅：11.27m、全長：9.82m、全高：4.16m、自重：3,232kg、全備重量：4,581kg、エンジン：パッカードマーリン V-1650-7 液冷V型12気筒（1,490hp）×1、最大速度：703km/h、航続距離：3,701km（最大）武装：12.7mm機銃×6、爆弾：907kg、またはロケット弾×6、乗員：1名

P-51H

リパブリック P-47 サンダーボルト（1941年）

P-47D-30

P-43の実用試験型YP-43の1号機が完成した1940年9月、当局はかねてよりリパブリック社が提案していた、XP-44-2と命名された新型戦闘機の設計案を受け入れ、XP-47Bの名称で原型機製作を発注した。

本機は、いわばP-43のエンジンを大出力のP&W R-2800（2,000hp）に換装し、機体サイズをひとまわり大型化した機体である。両機の三面図を比較すれば、外観もそっくりで、ひと目でそうとわかる。むろん、排気タービン過給器を備えることも継承しており、その装備法もまったく同じであった。

基本設計が同じなので、XP-47Bの開発は迅速に進み、発注からわずか8ヶ月後の1941年5月6日には初飛行を果たしている。空力面の評価はすでにP-43で実証済みなので問題はなく、テストでも高度7,860mにて最大速度663km/hの好成績を示したことから、ただちに量産へと移行した。

生産型はP-47B 170機を嚆矢として、次にP-47C 602機と続いたが、この2型式は、もともと前年7月から9月頃にかけてXP-44として予備発注されていたのを振り替えたものである。

◆　　　　◆

P-47Bはアメリカ本土内のみで訓練に使用され、P-47Cが1942年12月からイギリス本土に送られ、大陸沿岸部への侵攻を手始めに実戦に投入された。

XP-47B

P-47B

　しかし最初に配備された第4戦闘航空群（4FG）は、それまでイギリス空軍のスピットファイアを使用していたこともあって、総重量が同機の2倍近くもあり、その高々度性能、高速（P-47Cで697km／h）性能はともかく、運動性が鈍くて一撃離脱戦法にしか向かない機体特性に対し、評価は低かった。

　それでも、P-47Cのエンジン出力向上、燃料系統をはじめとする各種装備の改良、防弾装甲の強化、爆撃能力の付与などを施した、いわゆる戦時対応型とも言うべきP-47Dが1942年夏に登場すると、現地部隊での評価も徐々に高まっていった。

　需要の増加に対応し、ニューヨーク州ロングアイランドのファーミングデール本工場に加え、新たにインディアナ州エバンスビル工場でもP-47Dの量産が始まった。

　前線部隊からの様々なニーズに応えるべく、D型は絶えず改修を加えられていき、最終的にD-1からD-40まで実に18種ものサブ・タイプがつく

られ、その生産数は計12,609機にも達した。

　D-23までは、キャノピーが後部胴体と段差のないファストバック型だったが、次のD-25からは360度全周視界を有する水滴状となり、これにともない胴体後部は再設計されて細くなっている。

　　　　　◆　　　　　◆

　1944年に入り、イギリス本土に展開する対ドイツ戦略爆撃専任部隊の第8航空軍（8AF）隷下戦闘機隊にF-51マスタングが充足し始めると、四発爆撃機の護衛は同機が中心になって行ない、P-47Dはその大きな搭載量を生かした戦闘爆撃任務を専らとするようになった。

　1943年10月、イギリスにおいて、近い将来に

P-47D-10	●諸元/性能

全幅：12.43m、全長：10.00m、全高：4.35m、自重：4,490kg、全備重量：6,123kg、エンジン：P&W R-2800-63 空冷星型複列18気筒（2,300hp）×1、最大速度：697km／h、航続距離：1,344km（最大）、武装：12.7㎜機銃×8、爆弾：227kg、乗員：1名

P-47C-2

P-47D-11

連合軍による大陸反攻上陸作戦が行なわれることを前提に、その上陸部隊の直接支援を専任とする戦術航空軍、第9航空軍が創設されると、P-47Dはその戦闘爆撃機隊の主力装備機となり、1944年春までには18個FGを擁するまでになっていた。

これらのP-47D群が、同年6月の"本番"であるノルマンディー上陸作戦において、ドイツ地上軍に対し猛威をふるったことは承知のとおり。その際に威力を発揮したのが.50口径（12.7mm）機銃8挺という強力な射撃兵装だった。

ただ、8AFにおける戦闘機としての存在感が小さくなった訳ではなく、その隷下部隊のなかでヨーロッパ大戦終結までP-47装備で通した56FGは、最終的に647+1/2機のドイツ機撃墜を記録。他のP-51装備FGをおさえ、トップの座を守った。

◆　　　◆

D型以降のP-47は、E/F/H/J/K/L型が、いずれもXPを冠する各種実験機であるが、このうちJ型は機体の軽量化を図ったもので、機首まわりも再設計するなどし、テストで813km/hという驚異的な高速を示した。だがXP-72の開発と競合するために、1機だけの試作で中止となった。

P-47Gは、カーチス社バッファロー工場にて下請生産されたC/D型に与えられた名称で、数は少なく計354機にとどまった。

◆　　　◆

ドイツ空軍がMe262ジェット戦闘機の実用化を進めているとの情報がもたらされ、これに対抗するための"高速型P-47"として計画されたのがM型。

原型機YP-47MはP-47D-27の1機を改造してつくられ、エンジンを短時間に限り2,800hpもの

P-47D-26

XP-47J

ハイパワーを発揮できる R-2800-14W 又は -57 に換装し、排気タービン過給器を新型の CH-5 型に更新したのが主な相違。

テストでは狙いどおり高度 9,753m にて最大速度 761km/h を示したことから、ただちに量産に移行。P-47M-1 の名称で限定的に 130 機つくられ、1945 年初めより 8AF 隷下の 56FG に配備された。

もっとも、実戦出撃を開始したのは同年 4 月からとなり、その 1 ヶ月後の 5 月にはドイツが降伏してヨーロッパ大戦が終結してしまったため、見るべき戦果もないまま終った。

◆　　　◆

P-47D は、1943 年 6 月以降太平洋、およびインド、ビルマ、中国大陸戦域にも配備されたが、ヨーロッパ方面に比べると数は少なく、より以上に航続力の大きさが必要とされるのがネックとなって、華々しい戦果も少なかった。

この太平洋戦域向けに航続力の延伸を図った型

として、1944 年 9 月から生産に入ったのが、P-47 最後の量産型である N 型。

D 型の主翼を再設計して燃料タンクを内包し、航続距離を正規にて 1,288km、最大で 3,220km に延伸した。1945 年 4 月以降、沖縄に配備されたが、すでに日本側の対抗勢力はなく、目立った戦果もなく終戦を迎えた。N 型の生産数は 1,816 機で、1945 年 10 月に最後の 1 機がロールアウトして全ての生産が終ったとき、P-47 の総生産数は計15,683 機にも達していた。これはアメリカ戦闘機史上 1 位の記録である。

P-47N　　　　●諸元/性能

全幅:12.96m、全長:11.02m、全高:4.35m、自重:4,984kg、全備重量:6,270kg、エンジン:P&W R-2800-57 空冷星型複列18気筒 (2,800hp)×1、最大速度:751km/h、航續距離:3,220km (最大)、武装:12.7mm機銃×8、爆弾:1,360kg、ロケット弾×10、乗員:1名

P-47N-5

488335

ノースロップ P-61 ブラックウィドウ（1942年）

YP-61
愛称の「ブラックウィドウ」は"黒衣の未亡人"、
又は北米に生息する毒グモの意。

　1940年夏に繰り広げられた、英本土に空から侵攻するドイツ空軍機と、これを迎え撃ったイギリス空軍戦闘機隊との大規模な航空戦、いわゆる「バトル・オブ・ブリテン」では、夜間戦闘も生起し、イギリスのブレニム双発夜間戦闘機が、世界最初の機載レーダーを駆使した空戦を展開した。

　この夜間戦闘を見聞していたアメリカ陸軍の派遣武官が、帰国後に自国航空隊にも本格的な夜間戦闘機が必要であると報告。当局をして1941年1月30日、かねてより夜戦開発に意欲を示していたノースロップ社に対し、XP-67の名称で原型機製作を発注した。

　XP-61は、大出力のP&W R-2800エンジンを2基搭載し、夜間における乗員の視界重視という観点から、P-38に準じた双発双胴形態を採り、"二階造り構造"になった中央ナセルには前方からパイロット、レーダー手兼銃手、無線士兼銃手の3名が搭乗する。

　機載レーダーはイギリスの協力で開発した、マイクロ波長を用いる高精度のSCR-720を、パイロット席の前方機首内に設置した。

　迎撃対象は双発以上の爆撃機を想定したので、一撃で大きなダメージを与えられるよう、中央ナセル下部に20mm機関砲4門を固定した他、同上部

P-61-B-20

P-61C-1

ノースロップ P-61 ブラックウィドウ（1942年）

に.50口径（12.7mm）機銃を4挺収めた動力旋回銃塔を備えるという強力なものになった。

XP-61は1942年5月26日に初飛行、本機に2ヶ月遅れて13機製作発注されていた実用試験機YP-61とあわせ、テスト、訓練が行なわれた。その結果、上部の旋回銃塔を回転させると異常な尾部振動が発生する欠陥が明らかになったが、すでにXP-61の初飛行前に510機も発注されていた生産型P-67Aは、1943年10月から完成し始め、38号機以降は旋回銃塔を装備しない状態で納入された。

しかしP-61Aは200機つくったところで、生産ラインはレーダーを更新するなどしたP-61Bに切り替わり、本型が計450機生産されて主力型になった。このP-61Bの途中（B-15）で、ようやく改良を施した上部旋回銃塔が復活し、本来の姿を取り戻した。

P-61Aは1943年11月から太平洋戦域に、翌1944年3月からヨーロッパ戦域に配備され始めた。しかし敵対した日本、ドイツともに、この頃になると戦況が悪化したこともあって、P-61が展開するエリアに一定規模の夜間侵攻を行なう力はなくなっており、P-61もその卓越した夜戦能力を存分に発揮する機会は少なく、散発的に戦果を収める程度にとどまった。

したがって、ノースロップ社はP-61Bに続き、排気タービン過給器併用の高々度夜戦型P-61Cを開発したが、もはや本型を必要とする場面はなく、41機の生産で打ち切られた。

このP-61Cをベースにした写真偵察機型F-15は、原型機の初飛行が大戦終結直前の1945年7月となり、戦後に36機生産しただけで残りの発注分はキャンセルされた。

P-61B ●諸元/性能

全幅：20.12m、全長：15.12m、全高：4.34m、自重：9,979kg、全備重量：12.610kg、エンジン：P&W R-2800-65 空冷星型複列18気筒（2,250hp）×2、最大速度：589km/h、航続距離：4,828km（最大）、武装：12.7mm機銃×4,20mm機関砲×4、爆弾：2,903kg、乗員：3名

XF-15A

ベル P-63 キングコブラ（1942年）

P-63A-6

予想外の低性能に甘んじたP-39の反省から、ベル社は主翼をP-51に倣った層流翼型断面に変更した実験機XP-39Eを開発した。当局もこれを踏まえ、そのデータを活用した新規設計の発展型を、1941年6月にXP-63の名称で原型機製作発注。1号機は1942年12月7日に初飛行を果たした。

本機の外観はほぼP-39に準じ、プロペラ軸内発射の37mm砲も備えているが、共通するパーツはなく、サイズもひとまわり大きくなった。テストでは、P-39Qに比べて35km/hほど優速の最大速度655km/hを示し、油圧駆動のターボ過給器を採用した効果により高空性能もかなり改善されていることが確認できた。

当局もXP-63の初飛行前の段階で成功を予測していて、1942年9月に生産型P-63Aを1,725機発注しており、その1号機は翌1943年4月に初飛行し、10月から納入開始された。

もっとも、この時期になると陸軍にはP-47に加え、のちに稀代の名機と称えられるP-51B/Cの就役も間近となり、P-63Aがこの両機に伍して喰い込む余地はなかった。

そのため、結局はP-63もP-39と同様にソビエト支援用機にまわされ、エンジン換装を含めた改修型のP-63C 1,227機、P-63E 13機を含め、総生産数3,303機のうち実に72.5%にあたる2,397機がレンドリース法に基づき供与された。アメリカ陸軍に在籍した残りの機も実戦配備されず、訓練用などに使われたのみ。

P-63A　●諸元/性能

全幅：11.69m、全長：9.96m、全高：3.83m、自重：2,894kg、全備重量：3,995kg、エンジン：アリソンV-1710-93 液冷V型12気筒（1,325hp）×1、最大速度：660km/h、航続距離：724km、武装：12.7mm機銃×4,37mm機関砲×1、爆弾：680kg、乗員：1名

P-63A-9

シコルスキー R-4 (1942年)

現代においても、アメリカの主要ヘリコプター・メーカーとして君臨するシコルスキー社が、試行錯誤の末に最初の実用ヘリコプターとしてまとめ上げたのがR-4。メイン・ローターとテイル・ローターで飛行制御するという、その基本形態を確立したという点でも画期的であった。

原型機XR-4は1942年1月に初飛行し、生産型R-4Bが165機生産され、このうち20機は沿岸警備隊用で、45機がイギリスに供与された。性能的には軽観測、連絡用に使える程度だった。

R-4B	●諸元/性能
回転翼直径：11.59m、全長：14.68m、全高：3.78m、自重：917kg、全備重量：1,151kg、エンジン：ワーナー R-550-3 空冷星型7気筒（200hp）×1、最大速度：121km/h、航続距離：210km、武装：——、爆弾：——、乗員：2名	

シコルスキー R-5 (1943年)

戦後撮影されたH-5（R-5から改名）

成功したR-4を少し大型化し、乗員2名の他に傷病兵士用の担架2台を収容可能にしたのがR-5だった。エンジンも、R-4が搭載したR-550に比べ2倍以上出力の大きいR-985（450hp）を採用した。

原型機XR-5は1943年8月に初飛行し、実用試験用のYR-5A 26機に続き、生産型R-5A×100機が発注された。しかし、第二次世界大戦の連合国側の勝利が明らかになったことから、R-5Aの生産は34機完成したところで残りはキャンセルされてしまった。

R-5B	●諸元/性能
回転翼直径：14.64m、全長：17.40m、全高：3.97m、自重：1,716kg、全備重量：2,191kg、エンジン：P&W R-985AN-5 空冷星型9気筒（450hp）×1、最大速度：171km/h、航続距離：579km、武装：——、爆弾：——、乗員：2名	

ダグラス C-47 スカイトレイン（1935年）

ダグラス C-47 スカイトレイン（1935年）

C-47B

316299

　連合軍側の総司令官としてヨーロッパ大戦を勝利に導き、戦後はアメリカ大統領にまで昇り詰めたドワイト・アイゼンハワー陸軍元帥をして、第二次世界大戦勝利に貢献した自国の四大兵器はC-47、バズーカ砲、ジープ、そして原子爆弾であると言わしめたほど、本機の存在感は絶大だった。

　そのC-47であるが、もともと軍用輸送機として開発された機体ではない。1934年4月に初飛行した、民間旅客機DC-2の発展型として、翌1935年12月に初飛行したDC-3が原型である。

　機体設計の基本はDC-2に準じているが、胴体は縦長ではなく真円に近い形の太い楕円形断面となり、主翼幅を3m以上も延伸したことが目立つ相違。エンジンはライトR-1820もしくはP&W R-1830（ともに1,200hp）のいずれかを2基搭載し、

乗員2名の他、乗客21名を収容できる、当時最も優れたエア・ライナーだった。

　アメリカ大陸内の幹線ルート用として各航空会社をはじめ、海外からも多くの発注が相次ぎ、1940年までに輸出向けを含め500機以上が生産されるほどの"モテ"ぶりだった。

　しかし大戦が勃発したことで、これらエア・ライナーの活躍場は奪われてしまう。アメリカ国内の各航空会社が所有していた300機近いDC-3も、DC-2と同様に戦時徴用され、C-48〜C-52、C-68、C-84の名称により要人輸送などに使われた。

◆　　　　　◆

　いっぽう、DC-2に続きDC-3の軍用輸送機への転用を早くから考えていた陸軍当局は、ダグラス社に対し、客室床の補強、大型貨物扉の設置、

ユナイテッド
航空のDC-3

搭載量（ペイロード）の増加などの改設計を命じており、1940年9月にC-47の名称で545機の生産発注を行ない、愛称をスカイトレイン（空の列車）と名付けた。

翌1941年6月にはC-47の追加発注に加え、徴用したDC-3を、空挺（パラシュート降下）兵士輸送用に改修した機体には、C-53の名称が与えられた他、新規生産分として380機が発注された。これらには、別途スカイトルーパー（空の騎兵）の名称が与えられた。

発注が相次ぐC-47は、それまでダグラス社のサンタモニカ（カリフォルニア州）本工場のみで生産していたが、賄いきれなくなったため、新たにロングビーチ、オクラホマ州タルサに建設された工場で行なうことになった。

C-47は953機生産したところで打ち切られ、1942年に入ると電気系統をそれまでの12Vから24Vに変更したC-47Aに切り替わった。C-47Aはロングビーチ工場で2,832機、タルサ工場で2,099機、あわせて計4,931機もの多くが生産された。

3番目の主要生産型となったC-47Bは、二段過給器を備えて高空性能を向上させたP&W R-1830-90、又は同-90Bエンジン（1,200hp）に換装した型で、インド東部のアッサム州からヒマラヤ山系を越えて、中国大陸奥地の雲南省昆明地区に物資を運ぶ、いわゆる"ハンプ越え"任務に対応するべく開発されたもの。ロングビーチ工場にて300機、タルサ工場にて2,808機、あわせて計3,108機が生産された。

1942年7月1日、陸軍航空軍内に新たにAir Transport Command——航空輸送司令部（ATCと略記）が創設されると、C-47はその隷下の主力輸送機となり、ヨーロッパ、アジア両戦域のあら

C-47B

ダグラス C-47 スカイトレイン（1935年）

翼端を破損したC-53D

ゆる地区に部隊展開し、兵站任務にフル回転した。

また、ATCに加えて同年夏にはTroop Carrier Command——空挺兵士を含めた兵員輸送司令部（TCCと略記）も創設されたのにともない、こちらでもC-47は主力となり、まさに本機なしには陸軍作戦が成りたたないほどの存在となった。

機体と並行し、C-47乗員の養成拡大も急務となったことに対処し、C-47Bを航法訓練機仕様にしたTC-47Bがタルサ工場にて133機つくられている。

◆　　　　◆

各戦域に大量に"出廻った"C-47が最初に行なった大規模な空輸任務は、1943年7月10日、連合軍によるイタリアのシシリー島に対する上陸作戦時である。この日はC-47を中心とする兵員輸送機が、計4,381名に及んだパラシュート兵士を降下させた。しかし、敵の対空砲火も熾烈で、参加した144機中23機が未帰還となり、37機が大破するという大きな損害も出した。

1944年6月6日に実施された連合軍による大陸反攻作戦、いわゆるノルマンディー上陸作戦は、大戦中にC-47が参加した空輸作戦のなかでは最大規模のもので、イギリスに供与した「ダコタ」（C-47）を含め、実に1,000機以上が投入され、当初からの50時間内に6万名ものパラシュート兵士と各種兵器を降下させた。

この作戦では、C-47/ダコタは兵員輸送グライダー、ウェイコCG-4と英軍のホルサ計867機の曳航も行なっており、17,000名の兵士を運んでいる。輸送機の損害は43機にとどまり、参加機数からすれば軽微であった。

◆　　　　◆

大戦中のC-47の主要生産型はB型までで、C型はフロート付きの水上機型実験機、D型はB型の二段過給器を一段タイプに改めた改造型だった。

1945年になってC-47Bの座席をビロード張りにした高官輸送型が、C-117の名称で131機発注されたものの、大戦終結により17機つくったのみ

ダコタⅢ

零式輸送機
二二型

で残りはキャンセルされた。

　イギリスに供与されたC-47相当のダコタⅠは53機、C-53相当の同Ⅱは9機、C-47A相当の同Ⅲは962機、C-47B相当の同Ⅳは890機、合計1,914機である。

　DC-3の評判は日本にも伝わっており、戦前にライセンス生産権を取得した昭和飛行機が、海軍の発注により零式輸送機の名称で計416機生産した。また同様にソビエトもアメリカから供与されたC-47A/B計703機に加え、国営航空機工場においてエンジンを自国産のM62R（1,000hp）に換装した型を、リスノフLi2の名称で相当数をライセンス生産している。

　原設計が1930年代前半期ということもあり、C-47は大戦期の輸送機としては性能的にやや物足りなさもあったが、その比類なき扱い易さと汎用性の高さ、そして1万機を超える圧倒的な供給量で主力機の座を保ち続けた。

　なお、C-47はR4Dの名称で海軍向けにも多数生産されており、戦後も一定数が在籍して朝鮮戦争にも参加。なんとベトナム戦争でも多連装機銃を備えたガンシップAC-47として少数が使われたことは、まさに驚異としか言いようがない。

C-47A　　　　●諸元/性能

全幅：29.11m、全長：19.43m、全高：5.18m、自重：8,103kg、全備重量：11,793kg、エンジン：P&W R-1830-92 空冷星型複列14気筒（1,200hp）×2、最大速度：370km/h、航続距離：2,575km、武装：──、搭載量：4,500kg（最大）、乗員：3名＋兵員28名

AC-47

AC-47"スプーキー"の胴体左側から突き出たSUU-11A/A 7.62mmガトリング機銃。銃身を6本束ねている。

スチンソン L-5 センチネル（1942年）

軽観測機として成功を収めたL-1（旧称O-49）に続き、さらに低出力のエンジンを搭載し軽量・小型化した機体を当局から求められたスチンソン社は、1942年にO-62という型式名の原型機を完成させた。

最前線の不整地における離発着に対処し、L-1よりさらに機体強度を増し、乗員室のキャノピーは大きくして側面に張り出し、視野を広くするなどの改善が図られていた。

テスト結果も上々で、すぐに1,731機の生産型L-5の発注がなされ、1942年末から納入を開始。1944年以降、貨物室を設けたL-5B×679機、偵察カメラを増備したL-5C×200機、補助翼とフラップの動きを連動化したL-5E×558機、エンジンを少しパワーアップしたO-435-11（190hp）に換装したL-5G×115機が次々に生産された。総生産数は3,283機にも達した。

L-5は非常に使い勝手が良く、ヨーロッパ、アジア両戦域の最前線を、"空のジープ"よろしくこまめに飛び廻り、観測、連絡、負傷兵輸送などの諸任務にフル回転した。

戦後もしばらく現役にとどまり、1950年に勃発した朝鮮戦争にも参加し、後発のセスナL-19と交代して引退したのは、初飛行から10年を経た1952〜'53年にかけてである。

L-5	●諸元/性能

全幅：10.36m、全長：7.34m、全高：2.41m、自重：700kg、全備重量：916kg、エンジン：ライカミングO-435-1 空冷水平対向6気筒（185hp）×1、最大速度：209km/h、航続距離：675km、武装：——、爆弾：——、乗員：2名

ノースアメリカン XB-28 (1942年)

　1939年8月、当局が「XC-214」の計画名称で提示した、高々度中型爆撃機の競争試作に対し、マーチン社のXB-27とともに原型機製作を受注したのがXB-28。

　排気タービン過給器併用のP&W R-2800エンジン (2,000hp) を搭載する双発中翼、前脚式降着装置形態に加え、与圧キャビンと遠隔操作防御銃塔を備える意欲作だったが、当局の構想自体が現実にそぐわないとの意見が出、原型機は1942年4月に初飛行したものの、開発中止となった。

XB-28	●諸元/性能
全幅:22.15m、全長:17.20m、全高:4.27m、自重:11,600kg、全備重量:16,200kg、エンジン:P&W R-2800-11 空冷星型複列8気筒(2,000hp)×2、最大速度:600km/h、航続距離:3,280km、武装:7.62mm機銃×3,12.7mm機銃×6、爆弾:1,800kg、乗員:5名	

ロッキード B-34,B-37 ベンチュラ (1941年)

B-34A

　イギリス向けの「ハドソン」哨戒爆撃機が好評だったことをうけ、同国空軍はさらなる発達型の開発をロッキード社に要求。これに応え、社内名称「モデル18」と命名した原型機を1941年7月に初飛行させた。

　本機はハドソンをひとまわり大型化し、エンジンをP&W R-2800に換装したものと言ってよく、イギリスから「ベンチュラ」の名称で675機生産受注した。うち250機はアメリカ陸軍が引き取り、B-34Aと命名。さらにエンジンをライトR-2600に換装した追加生産分18機はB-37と改称した。

B-34A	●諸元/性能
全幅:19.96m、全長:15.77m、全高:3.63m、自重:7,843kg、全備重量:12,372kg、エンジン:P&W R-2800-31 空冷星型複列18気筒(2,000hp)×2、最大速度:506km/h、航続距離:1,530km(正規)、武装:7.62mm機銃×6,12.7mm機銃×2、爆弾:1,360kg、乗員:4名	

ボーイング B-29 スーパーフォートレス（1942年）

B-29A-5

太平洋戦争末期に現われ、在来機と隔絶したその異次元の機体設計、高性能を駆使した猛爆撃により日本々土を焦土と化し、最後には人類史上初の原子爆弾を投下して無条件降伏に至らしめた存在、それがB-29である。

前作B-17の成功で、一躍大型爆撃機メーカーとしての地位を確立したボーイング社は、その後も精力的に研鑽を積み重ね、1940年1月に当局が提示した「VLR」（超長距離）爆撃機開発計画に際しては、かねてより検討していた「モデル334」を提出。さらに、ヨーロッパ大戦の戦訓を盛り込んだ「モデル345」を改めて提出したところ、これが採用されて同年8月にXB-29の型式名により原型機2機製作が発注された。

B-17の開発着手（1934年）からすでに6年を経ており、この間のボーイング社設計陣の技術面の革新は驚異と言えるほどに進んでいた。排気タービン過給器併用の新型ライトR-3350エンジン

（2,200hp）4基を搭載する機体は、B-17にはなかった与圧キャビンを内包した、真円断面の細長いスマートな胴体に、長距離飛行に適した厚味の大きい高アスペクト比の主翼を組み合わせ、各防御銃塔は全て集中火器管制システムで遠隔操作するなど、他国には真似の出来ない新機軸の塊だった。

B-17生産型の途中から採用された、小山のように大きく"そびえ立つ"垂直尾翼はそのまま継承されたが、方向舵前縁部に折れ角をつけて操舵を容易にするなどの"進化"がみられた。

B-17に比べ全幅は12m近く、全長は8m近く、総重量に至っては30トンも大きいXB-29は、多くの新機軸導入とあわせ、いかにボーイング社技術陣をしても、製作は容易でなかったと思われるが、1号機は1942年9月21日に初飛行。原型機に10ヶ月遅れて14機発注されていた、実用試験機YB-29の1号機も1943年6月に初飛行し、戦力化に向けてのテスト、および乗員訓練が併行し

XB-29 1号機

オリーブドラブで塗装された
B-17G（奥）＆B-29-1

て行なわれた。

◆　　　◆

　当局はB-29の成功を早くから確信していて、すでに原型機の初飛行する2日前の時点で、生産型の発注数は延べ3次計1,600機余にも達していた。そして機体の組み立てにはボーイング社の他、ベル、マーチン両社も加わり、各パーツの下請製作には10社以上の企業が参加するという、文字どおりアメリカ航空工業の総力を挙げた体制が敷かれた。

　しかし、これだけ大規模な生産体制を早急に整えるのは容易ではなく、オリーブドラブで塗装されていた新機軸の装備品の製作にも時間を要するなど、計画どおりに事が進まなかった。

　この状況に危機感を抱いた陸軍航空軍司令官ヘンリー・アーノルド大将は、1944年3月から4月にかけての1ヶ月間に、150機の配備機を揃えるよう厳命。最初のB-29装備部隊、第58爆撃航空団（58BW）の司令部が置かれた、カンザス州サリエのスモーキーヒル飛行場に集められた、完成はしたもののエンジン不調や部品の欠如などで使用できない機体を、夜を日に継いでの超人的な突貫

B-29-90

B-29B

作業で整備。4月15日には予定の750機を揃えることが出来た。のちに"カンザスの戦い"と形容された有名な逸話である。

こうしてようやく実戦配備が可能になったB-29は、対日戦に集中投入されることが決まっており、最初の展開地である中国大陸奥地の四川省成都地区に、大西洋〜アフリカ〜インドを経由し、最後に有名な"ハンプ越え"をして空輸された。

そして、5月上旬までに130機が集結、6月15日深夜に北九州の八幡製鉄所を主目標に爆撃を行ない、日本本土空襲を開始した。

以後、成都、およびインドからの九州、満州国、東南アジアの日本占領地に対する第58爆撃航空団（58BW）による空襲は、都合49回に及んだが、爆撃成果は相応にあったものの、一回出撃あたり参加機数が平均62機と少なかったこともあり、戦略的な効果はいまひとつだった。

しかし、新たなB-29部隊、第20航空軍（20AF）隷下の第73爆撃航空団（73BW）を嚆矢とする各隊が、1944年10月以降、占領下のマリアナ諸島

に進出し、11月24日を皮切りに北海道を除く日本全土を目標に空襲を始めると、戦況は一段と日本不利に傾いていった。

軍事目標を対象にした高々度からの昼間精密爆撃が、冬期の日本上空に特有の、強い偏西風によって効果が上がらないとみるや、1945年3月10日夜以降、夜間の一般市街地に対する無差別爆撃も並行して実施。夏までには地方都市も含めて、そのほとんどが灰塵と化し、日本国民の戦意を殺ぐことに成功した。

1945年8月6日と同9日に、特殊任務部隊の第509混成航空群（509CG）に属するB-29によって、広島、長崎に原子爆弾が投下され、その惨状をみた日本政府は連合国に対し無条件降伏を了承。8月15日、3年8ヶ月に及んだ太平洋戦争は終結した。

◆　　　　◆

文字どおり、日本に対する降伏の使者となったB-29は、太平洋戦争終結時点において、2,132機が在籍しており、各工場にはなお5,000機以上が

F-13

224583

グァム島から出撃する314BW(第314爆撃航空団)/19BG(第19爆撃航空群)のB-29A群

生産発注されていたが、対日戦終了によって大半がキャンセルされ、1946年5月、ボーイング社レントン工場において、最後のB-29Aがロールアウトしたところで全ての生産を終了。その総数は実に3,970機に達した。

生産型式はB-29、B-29A、B-29Bの3種あるが、全生産数の63%強にあたる2,513機を占めるのがB-29で、主翼構成を変更したB-29Aは1,119機、夜間爆撃専用のレーダーを搭載し、防御火器を軽減したB-29Bは、ベル社アトランタ工場でのみ311機生産された。

なお、完成したB-29、B-29Aのなかから計117機が抽出され、航空カメラ3〜6基を搭載する戦略偵察機に改造され、F-13と命名された。マリア

ナ諸島からの日本々土初空襲に備え、その爆撃目標確認のため、1944年11月1日に単機で東京上空1万メートルに侵入。何ら妨害をうけずに数千枚の偵察写真撮影に成功したのも本機である。

B-29B以降、各種改良型としてB-29C、D、E、F、G、H、J、およびアリソンV-1710液冷エンジンへの換装型YB-39が製作されたものの、いずれも実験段階に終っている。

B-29	●諸元/性能

全幅：43.05m、全長：30.18m、全高：9.02m、自重：31,815kg、全備重量：54,480kg、エンジン：ライト R-3350-23 空冷星型複列18気筒(2,200hp)×4、最大速度：576km/h- 航続距離：5,230km、武装：12.7mm機銃×10,20mm機関砲×1、爆弾：9,072kg、乗員：10名

1945年5月29日、横浜市に対して昼間爆撃を行う73BWのB-29群

ボーイング B-29 スーパーフォートレス (1942年)

コンソリデーテッド B-32 ドミネーター（1942年）

B-32
愛称ドミネーターは「支配者」の意。

　B-29と同じく、1940年1月に当局が提示したVLR爆撃機の開発計画「R-40B」に応じ、社内名称「モデル33」案を提出、採用されて同年9月に原型機2機製作を受注したのがXB-32。

　搭載エンジンはB-29と同じライトR-3350×4基で、与圧キャビン、遠隔操作防御銃塔を備えるなど、似たような部分もあったが、機体サイズはひとまわり小さく、前作B-24に準じた段付きの機首まわり、双垂直尾翼にするなど、B-29のような斬新さはなかった。

　原型1号機は、XB-29より少し早く1942年9月7日に初飛行したのだが、各部に不具合がみられてテストは難航。結局、不調続きの与圧キャビンは廃止、遠隔操作銃塔も通常の銃手が座る有人銃塔に変更され、後方射撃時の妨げになるとの理由で、単垂直尾翼に改めるなどの措置が講じられた。

　当局の目以外から見ても、XB-32はB-29に比べて明らかに見劣りしたのだが、大戦の激化という背景もあり、B-29に不測の事態が生じたときの備えとして、1943年3月に訓練用機TB-32を含めた量産型B-32として計300機が発注された。

XB-32　2号機

YB-32

なお、この量産受注とほぼ同時にコンソリデーテッド社はバルティー社と合併してコンソリデーテッド・バルティー（略称コンベア）社となった。

◆　　　◆

B-32は1944年11月から納入が始まったが、B-29が期待した以上の高性能を発揮して実戦をこなしており、不測の事態も杞憂に終わったため、最終的に1,700機余のB-32を生産するという計画は破棄。結果的に太平洋戦争終結までに完成したのは、B-32×75機とTB-32×40機をあわせた計115機の少数にとどまった。

B-32は与圧キャビン、排気タービン過給器も有しないため、B-29のような高々度作戦飛行は出来ないので、B-25と同じような中低高度戦術攻撃に用いる前提で、太平洋戦域展開の第5航空軍隷下、第312爆撃航空群（312BG）に配備されることになった。1945年5月、フィリピンに駐留していた312BGを構成する飛行隊の1隊、第386爆撃飛行隊（386BS）が従来までの装備機A-20Gの代わりに装備した。

そして翌6月に入ると、フィリピンに残った日本軍の支配地区、さらには台湾、中国大陸要地に対しても爆撃を行なった。日本降伏の直前には、長駆東京上空にまで偵察目的の作戦飛行を行ない、迎撃に上がってきた日本陸海軍戦闘機と交戦し、2機撃墜を報じている。

しかし、312BGの他の飛行隊への配備は行なわれず、実戦に参加したB-32は386BSが保有していた十数機のみという結果に終わった。

B-32　　●諸元/性能

全幅：41.15m、全長：25.32m、全高：10.06m、自重：27,340kg、全備重量：45,400kg、エンジン：ライトR-3350-23A 空冷星型複列18気筒（2,200hp）×4、最大速度：575km、航続距離：4,000km、武装：12.7mm機銃×10、爆弾：9,072kg、乗員：8名

B-32

ダグラス A-26 インベーダー（1942年）

A-26B

　フランス、および自国陸軍向けの双発攻撃機DB-7/A-20が成功したことに意を強くしたダグラス社は、1941年1月には、早くも同機の後継機となるべき新型機2種の設計案をまとめ、当局に提出した。

　基本的な設計コンセプトは、高出力のP&W R-2800エンジン（2,000hp）双発で、前作DB-7/A-20に比べて機体をひとまわり大きくし、空力面の洗練度を高めることにあった。

　同年4月に行なわれたモックアップ（実物大の木型模型）審査を経て、2種の設計案の妥当性を確認した当局は、2ヶ月後の6月にXA-26（攻撃機仕様）およびXA-26A（夜間戦闘機仕様）、さらに少し遅れB-25G/Hと同様な75mm砲装備の地上攻撃機仕様XA-26Bを追加し、それぞれ1機ずつの原型機製作を発注した。

　そして、原型機の初飛行を待たずに1941年10月、量産型500機発注に踏み切ったのだが、原型機の製作は遅れ、ようやくXA-26が初飛行にこぎつけたのは、予定を半年もオーバーした1942年7月10日だった。

◆　　　　◆

　さらに、当局自身がいずれの仕様をメインとするのか、明確なビジョンを持っていなかったことも重なり、最初の生産型としてA-26Bの製作に着手したのは1943年9月と大幅に遅れた。しかも、A-26Bは夜戦仕様ではなく原型機のXA-26に該当するもので、当局が強く求めていた75mm砲装備型、それに夜戦仕様は生産型式から外れるなど混乱ぶりも窺える。

　A-26Bは大戦終結時まで量産が続き、ダグラス社のロングビーチ、タルサ両工場で計1,378機つくられた。

　A-26は当初から異なった仕様の生産型式を予

XA-26
愛称のインベーダーは
「侵略者」の意。

A-26C

定していたこともあって、機首部分は容易に装備変更が可能なように設計されており、B型は金属鈑で密閉した内部に各種口径の射撃兵装を組み合わせて固定した。

対照的に、ここをガラス窓付きにして専任の爆撃手と照準器を備えたのがA-26Cとなり、B型と併行してロングビーチ工場で5機、タルサ工場で1,086機、計1,091機つくられた。

このA-26Cに続き、エンジン、射撃兵装などを変更したD,E,F,G,H型が試作/計画されたものの、大戦終結により全てキャンセルされた。

◆　　　　◆

完成したA-26B/Cは、1944年春からヨーロッパ戦域で実戦に投入され、A-20に比べ60km/hも勝る高速と俊敏な機動性、多彩な兵装、遠隔操作の強力な防御銃塔などを駆使して活躍。敵対するドイツ軍に手痛い打撃を与え、ヨーロッパ大戦の連合軍勝利に貢献した。

戦後、アメリカ陸軍航空軍が空軍として独立（1948年9月）し、軍用機界のジェット化が進ん

だ状況下でも、A-26はその存在価値を保って現役にあり"先代"のマーチンB-26マローダーが退役（1948年6月）するとその名称B-26の型式名を引き継いだ。

そして、1950年6月に勃発した朝鮮戦争にも参加し、機体全面を黒色に塗り潰して北鮮軍に対する夜間爆撃に奮闘した。

これでもまだ本機の生涯は終わらず、対ゲリラ戦用のCOIN（Counter Insurgency —— 対反乱作戦）機に改造された40機が、B-26Kと命名され、1966年以降ベトナム戦争に参加したのである。原型機の初飛行から実に25年を経ても現役を続けたB-26は異例の長寿大戦機だった。

A-26B ●諸元/性能

全幅：21.35m、全長：15.47m、全高：5.64m、自重：10,147kg、全備重量：12,520kg、エンジン：P&W R-2800-79 空冷星型複列18気筒（2,000hp）×2、最大速度：571km/h、航続距離：2,250km（正規）、武装：12.7mm機銃×18（最大）、爆弾：1,814kg、乗員：2名

B-26K

ブリュースター XA-32 （1943年）

海軍機メーカーのブリュースター社（※）が陸軍当局の要求に応じて開発した唯一の機体がXA-32である。原型機製作発注は1941年10月だったが、海軍機の仕事を優先したため作業は遅れ、1号機の初飛行は1943年4月になった。

P&W R-2800エンジンを搭載した重武装の攻撃機だったが、設計的にはやや見劣りし、操縦性、運動性が良好とはいえ速度、航続力は低レベルで、操縦室からの視野が狭いなどの欠点も指摘され、原型機2機製作のみにとどまった。

XA-32	●諸元/性能
全幅：13.74m、全長：12.37m、全高：3.86m、自重：5,354kg、全備重量：7,026kg、エンジン：P&W R-2800-37 空冷星型複列18気筒 (2,100hp) ×1、最大速度：500km/h、航続距離：805km、武装：12.7mm機銃×4,20mm機関砲×4、爆弾：1,360kg、乗員：1名	

（※）英語での発音は「ブルースター」に近い。

ビーチ XA-38 デストロイヤー （1944年）

民間向け小型飛行機の主要メーカーとして君臨していたビーチ社が、大口径75mm砲を備える対爆撃機用双発複座戦闘機の設計案を提出。当局の配慮により、攻撃機として1942年9月に原型機2機製作を受注したのがXA-38だった。

B-29と同じ高出力大型エンジン、ライトR-3350を搭載した、総重量が13トンを超えるヘビー級の攻撃機だったが、1号機の初飛行が1944年5月と大幅に遅れたため、好性能を示したものの、大戦には不要と判定され量産化は見送られた。

XA-38	●諸元/性能
全幅：22.51m、全長：15.79m、全高：4.73m、自重：10,183kg、全備重量：13,545kg、エンジン：ライトR-3350-43 空冷星型複列18気筒 (2,300hp) ×2、最大速度：605km/h、航続距離：2,286km、武装：12.7mm機銃×6,75mm機関砲×1、爆弾：900kg、乗員：2名	

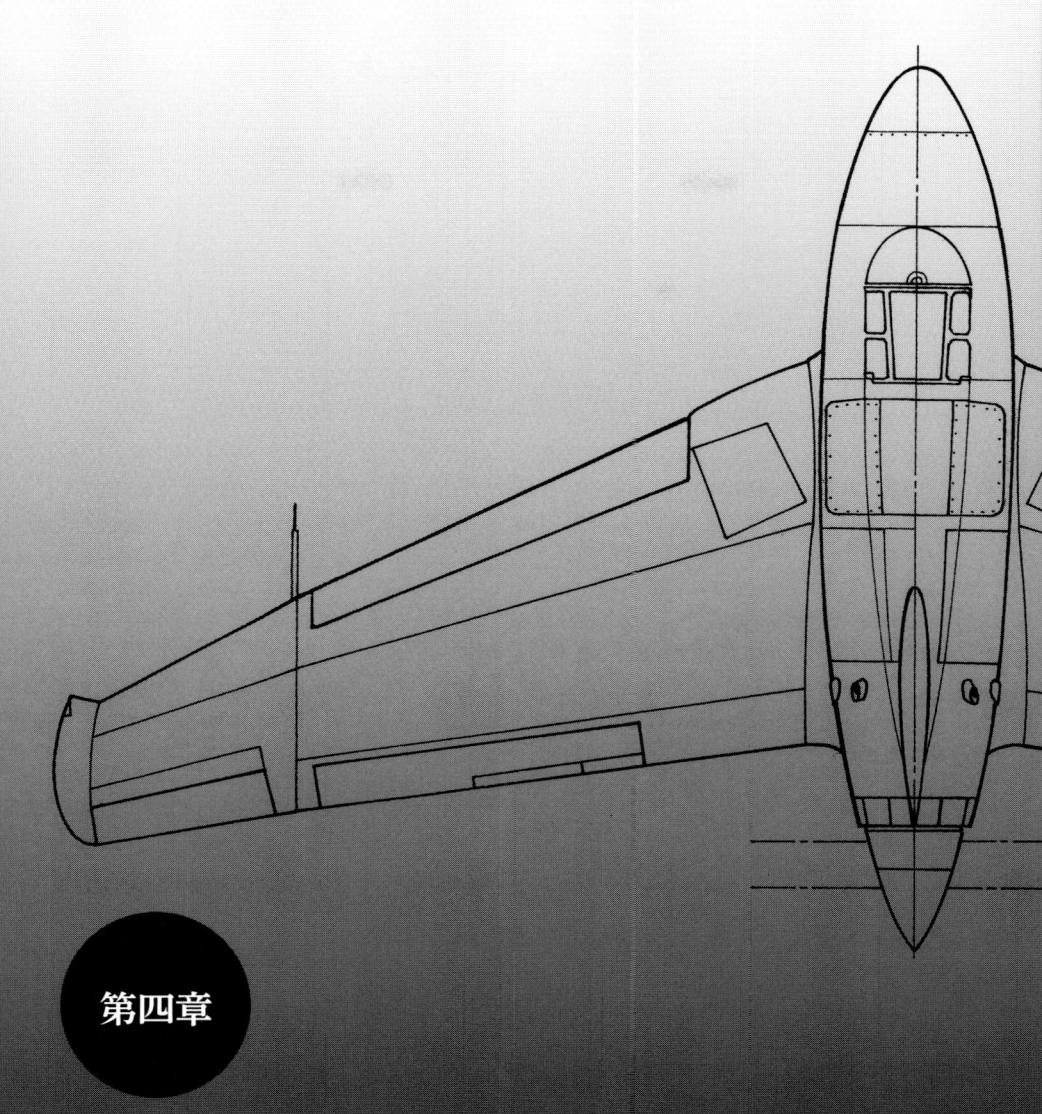

第四章

「革新」

アメリカ陸軍の試作機／新型機

バルティー XP-54 スウースグース（1943年）

XP-54 1号機

1930年代末になると各国の戦闘機設計に携わる技術者たちは、近い将来レシプロエンジンの出力向上と一般的な牽引式形態に限界が到来し、速度向上が頭打ちになると予測していた。

これを打破するべく、アメリカ陸軍当局が1939年12月に提示したのが、「Circular Proposal」（周回提案）と銘打った新型戦闘機開発だった。既存の牽引式形態にとらわれない斬新な形態が求められ、応募してきた各社の設計案の中から、バルティー、カーチス、ノースロップの3社案が採用され、その順番でXP-54、XP-55、XP-56の型式名が割り振られ、1940年6月から1942年7月にかけて原型機製作が発注された。

XP-54は中央胴体後部にP&W社の新型X-1800液冷X型24気筒エンジン（1,800hp）を搭載し、推進式プロペラを組み合わせ、2本のブームを後方に伸ばして尾翼を支えるという奇抜な形態を採用した。

しかしX-1800エンジンが開発中止となってしまったことで計画に狂いが生じ、代替エンジンとしてライカミングXH-2470（2,300hp）液冷水平対向24気筒を搭載し、原型機は1943年1月に初飛行した。

もっとも、XH-2470エンジンとて完成品とは言い難く、不調気味で所定のパワーが出ず、テストでは設計陣が予測した820km/hの最大速度には遠く及ばない613km/hにとどまった。

この結果には当局も失望し、開発続行の意義なしと判定され、作業中止が通告された。

XP-54　●諸元/性能

全幅：16.40m、全長：16.68m、全高：4.41m、自重：6,923kg、全備重量：8,270kg、エンジン：ライカミングXH-2470-1 液冷水平対向24気筒（2,300hp）×1、最大速度：613km/h、航続距離：805km、武装：12.7mm機銃×1,37mm機関砲×2、爆弾：——、乗員：1名

XP-54 2号機
愛称のスウースグースは白鳥に似たガチョウの意。

カーチス XP-55 アセンダー（1943年）

XP-55 3号機

「周回提案」計画に基づく3社機の中では最も遅く、1942年7月になってようやく原型機3機製作を受注できたのがXP-55だった。これは本機が「エンテ」（先尾翼）型と称した、特異な推進式形態を採用していたので、まず実物大の実験機（CW-24）を会社側が自費で製作し、そのテスト結果をみてから発注するという、当局の要求を呑んだからである。

そのCW-24によるテスト・データに当局も納得したうえで、製作に着手したXP-55の原型1号機は、XP-54と同じP&W X-1800エンジンを搭載予定にしていたのだが、開発中止となったため、既存のアリソンV-1710で代替して、1943年7月19日に初飛行した。

しかし予定していたX-1800の1,800hpから、1,275hpのV-1710への大幅なパワー・ダウンでは、計画した性能が出る筈もなく、最大速度は、現用のP-47やP-51にも及ばない628km/hという低レベルだった。

そうこうするうち、同年11月に原型1号機が墜落して失なわれ、各部に改修を加えた原型2号機、3号機によってテストは続行されたが、操縦の不安定さなどの改善の見込みもなかったため、開発中止を通告された。

因みに、日本海軍でものちに同様の形態の「震電」を開発するが、本機の設計はXP-55に比べ数段上まわっていた。

XP-55 ●諸元/性能

全幅：12.36m、全長：9.01m、全高：3.53m、自重：2,882kg、全備重量：3,597kg、エンジン：アリソンV-1710-95 液冷V型12気筒（1,275hp）×1、最大速度：628km/h、航続距離：1,022km、武装：12.7mm機銃×4、爆弾：――、乗員：1名

XP-55 2号機
愛称のアセンダーは「上昇」の意。

ノースロップ XP-56 ブラックバレット（1943年）

XP-56 2号機

制式機は未だ存在しないものの、会社創立当初から全翼形態に強い関心を持ち、自費で多くの実験機を製作しテストを重ねていたノースロップ社の社長、ジャック・ノースロップは、「周回提案」計画への応募にもこの形態で臨み、1940年9月、XP-56の型式名で原型機製作を受注した。

XP-56は、厳密に言えば完全なる全翼形態ではなく、X-1800エンジンを後部に収めた胴体を有し、方向安定性維持のため、その後方上下面に垂直尾翼を付けている。

他の2種もそうだが、X-1800エンジンが開発中止になったため、既存の空冷P&W R-2800を代替として胴体後部内に推進式に固定し、二重反転の3翅プロペラを組み合わせてトルクを相殺した。

R-2800搭載に変更したことで胴体は太くなり、その姿からブラックバレット（黒い弾丸）の愛称がつけられた。

原型I号機は1943年9月に初飛行したのだが、テストでは地上滑走時の偏向、重心位置の後退、方向安定の不足、エンジンの冷却不良など多くの問題が露呈し、これら全てを解決するには技術的に困難と当局は判断。原型機2機の製作のみで開発中止を通告された。

結果、周回提案計画による3社機全てがモノにならず、当局の目論みは失敗に帰した。

XP-56　●諸元/性能

全幅:12.95m、全長:8.38m、全高:3.35m、自重:3,946kg、全備重量:5,148kg、エンジン:P&W R-2800-29 空冷星型複列18気筒(2,000hp)×1、最大速度:748km/h（計算値）、航続距離:724km（計算値）、武装:12.7mm機銃×4,20mm機関砲×2、爆弾:―、乗員:1名

XP-56 1号機

ロッキード XP-58 チェインライトニング（1944年）

XP-58

P-38の発展型であるXP-49に続き、当局は1940年4月ロッキード社に対し、さらに強力なエンジンX-1800を搭載し、乗員を2名に増やして動力旋回銃塔2基を備えるなどした長距離護衛戦闘機XP-58の開発を発注した。

しかし「周回提案」計画機がそうであったように、X-1800の開発中止により、まだ試作段階にあった空冷星型6列42気筒という破天荒な型式の、ライトR-2160（2,300hp）エンジンへの換装を試みた。

だが、R-2160も結局は実用化の見込みがなく開発中止の憂き目にあい、アリソンV-1710を2基結合したV-3420（2,600hp）に再換装したうえで、原型1号機は1944年6月6日、ようやく初飛行にこぎつけた。

この間、エンジン換装や与圧キャビンの追加などで機体は肥大化し、総重量が16トンと中型爆撃機並みになってしまった本機は、とても戦闘機として使えないと判断され　地上攻撃機にカテゴリー替えされている。もっともすでにXA-38という似たような機体が存在していたので、迎撃戦闘機に再変更されるなど開発 は迷走の感を呈した。

原型機はテストにて最大速度702km/hの高速を示したものの、V-3420エンジンの実用化の見込みがなくなったうえに、ヨーロッパ、アジア両戦域での連合軍側の航空優勢が確実になったこともあり、XP-58のような機体の必要性も低下。結局は原型機1機のみで開発中止となった。

XP-58 ●諸元/性能

全幅：21.33m、全長：15.06m、全高：4.87m、自重：14,345kg、全備重量：17,777kg、エンジン：アリソンV-3420-11/13 液冷X型24気筒（2,600hp）×2、最大速度：702km/h、航続距離：2,012km、武装：12.7mm機銃×4,37mm機関砲、又に75mm機関砲×1、爆弾：1,814kg、乗員：2名

XP-58

カーチス XP-60, XP-62（1941年/1943年）

XP-60C

P-40の後継機を意図して開発したP-46が不採用になったあと、同機のエンジンを換装するなどしたXP-53の試作を受注したものの、そのエンジンの実用化が中止となったため、イギリス製ロールスロイス「マーリン」に変更し、改めてXP-60として原型機製作が発注された。

本機は1941年9月に初飛行したのだが、自国製のアリソンV-1710-75（1,425hp）搭載のほうが望ましいとされ、XP-60Aの名称で150機生産を受注する。

しかし本機もまたパワー不足を指摘されてキャンセルとなり、焦ったカーチス社はそれならばと、空冷P&W R-2800エンジンへの換装を提案し、1943年から翌1944年にかけてXP-60C、XP-60E、YP-60Eを次々に初飛行させたが、いずれも量産発注を得られなかった。素人目でみても、これら

各機にP-51のような設計上の"冴え"はみられなかったので、当然の帰結とも言える。

XP-60と併行し、カーチス社はライトR-3350エンジン（2,300hp）を搭載し、与圧キャビンを備えるヘビー級の単発戦闘機XP-62を試作し、1943年7月に初飛行させた。しかし本機もまた、設計的に凡庸で見るべきものがなく、不採用となった。結局、本機をもってカーチス社の陸軍向けレシプロ戦闘機開発は終焉する。

XP-60E　　●諸元/性能

全幅：12.59m、全長：10.33m、全高：3.81m、自重：3,758kg、全備重量：4,681kg、エンジン：P&W R-2800-10 空冷星型複列18気筒（2,000hp）×1、最大速度：660km/h、航続距離：507km、武装：12.7mm機銃x4、爆弾：――、乗員：1名

XP-62

マクドネル XP-67 バット（1944年）

XP-67

　戦後のジェット時代になって、アメリカ海空軍向けの優秀機を次々に生み出し、主要メーカーに成長するマクドネル社だが、1939年7月の会社創立ということからして、第二次世界大戦期はまだ無名の新興メーカーだった。

　そんなマクドネル社が、会社創立後に陸軍当局から初めて試作受注に成功したのがXP-67だった。本機は1940年初めの「周回提案」計画への応募案をベースにした、社内名称「モデル2a」案で、1941年7月に原型機2機製作の契約を交わした。

　戦後のジェット時代の作品と同様、設計的にはきわめてラディカルで、コンチネンタルXI-1430エンジン（1,350hp）を搭載した双発機なのだが、胴体と左右のエンジンナセルをつなぐ主翼を、コウモリの翼のような形で融合させた、のちの「ブレンデッド・ウイングボディ」形態にしていたのが特徴。愛称もそのものズバリ "バット"（コウモリ）である。

　しかし、会社として初めての実機製作だったことに加え、形態的な難しさもあって作業は遅れ、1号機の初飛行は1944年1月にズレ込んだ。

　しかも、テストではエンジン不調、パワー不足、冷却不良の他、左右視界の狭さ、操縦性の悪さなどが指摘され、火災事故により修理不能となったこともあって敢えなく開発中止を通告された。

XP-67　　　　　●諸元/性能

全幅：16.76m、全長：13.63m、全高：4.80m、自重：8,049kg、全備重量：10,485kg、エンジン：コンチネンタル XI-1430-17/19 液冷倒立V型12気筒（1,350hp）×2、最大速度：652km/h、航続距離：3,837km、武装：37mm機関砲×6、爆弾：——、乗員：1名

XP-67

リパブリック XP-72 （1944年）

XP-72 1号機

　1942年、P-47が搭載しているR-2800エンジンのメーカーP&W社が、最後のレシプロエンジンという気概で開発した空冷星型4列28気筒のR-4360の実用化に目途をつけたことを受け、当局は1943年6月、リパブリック社に対し、これを搭載するP-47の発展型とも言うべき機体を、XP-72の名称で原型機2機の製作を発注した。

　主翼、尾翼はP-47Dのそれを流用するが、R-2800に比べ直径、長さともにかなり大きいR-4360を収める機首まわりは完全に再設計され、下面に大きな空気取入口を設けた胴体も同様だった。

　1号機は翌1944年2月に初飛行し、期待したとおりテストでは789km/hというレシプロ戦闘機として極限値に近い超高速を発揮した。

　当局は、ヨーロッパ戦域で連合軍を悩ませるドイツの「V-1」飛行爆弾の迎撃に使うことを前提に、P-72を限定100機生産することにした。

　しかし、そうこうするうちにヨーロッパ大戦の連合軍勝利が確実視されたことと、P-80ジェット戦闘機の就役も近いという状況になり、P-72の必要性も薄れたために全てキャンセルされた。

　なお、XP-72 1号機のプロペラは通常の4翅であったが、2号機では下写真の如く、強烈な回転トルク相殺のため、二重反転3翅を装備した。

XP-72　●諸元/性能

全幅:12.47m、全長:11.15m、全高:4.87m、自重:5,205kg、全備重量:6,538kg、エンジン:P&W R-4360-13空冷星型4列28気筒(3,450hp)×1、最大速度:789km/h、航続距離:1,931km、武装:12.7mm機銃×6、爆弾:907kg、乗員:1名

XP-72 2号機

フィッシャー XP-75 イーグル（1943年）

P-75A-1

　航空機メーカーとしては聞き慣れない名だが、大企業ゼネラル・モータースの一部門だったフィッシャー社が、カーチス社から"とらばーゆ(転職)"してきたドノバン・バーリン技師を中心に構想をまとめ、当局に提示して1942年10月に開発受注したのがXP-75である。

　そのコンセプトは、既存の機体のパーツを多く流用し、短期間で高性能の新型戦闘機を実現することにあった。すなわち、新型液冷エンジンのアリソンV-3420（2,600hp）を胴体中央部に固定し、延長軸を介して機首の二重反転プロペラを駆動するという、P-39に倣った配置を採り、主翼はP-40、尾翼はA-24、主脚は海軍のF4Uのそれを"拝借"するという、言ってみればかなり無節操な試みであった。

　しかし、このような安易な方法で高性能機が得られる筈もなく、1943年11月に初飛行した1号機の最大速度は、P-47やP-51にも劣る673km/hにとどまった。

　そこで各部を改修したXP-75Aが6機発注され、その1号機は1944年9月に初飛行したものの、速度はさらに低下して650km/hとなった。当局もこの結果には失望し、2ヶ月前に発注した2,500機生産も含め全てをキャンセルした。

XP-75A　●諸元/性能

全幅：14.96m、全長：12.54m、全高：4.72m、自重：5,105kg、全備重量：8,081kg、エンジン：アリソンV-3420-23 液冷X型24気筒（2,600hp）×1、最大速度：650km/h、航続距離：1,851km（正規）、武装：12.7mm機銃×10、爆弾：454kg、乗員：1名

XP-75

ベルP-59エアラコメット（1942年）

XP-59A

　新たな航空機用動力であるターボジェットエンジンについては、すでに大戦前よりドイツとイギリスが研究・実験を重ねており、大戦勃発の8日前（1939年8月27日）には、ドイツのハインケル社が実験機He178により、世界最初のジェット飛行を成功させていた。これに少し遅れ、イギリスも大戦初期の1941年5月に、グロスター社の実験機E28/39によりジェット初飛行を成し遂げた。

　こうした両国の動静に対し、ジェットエンジン開発に遅れをとっていたアメリカ陸軍は焦りを感じ、イギリス最初のホイットルW.1遠心式ターボジェットエンジンのライセンス生産権を、ゼネラル・エレクトリック社に取得させたうえで、1941年9月ベル社に対し、同エンジンを搭載する最初の戦闘機として、XP-59の型式名による原型機3機の製作を発注した。

　当局からは9ヶ月後の翌1942年6月までに1号機を納入すべし、という厳しい条件が課せられ

ていたため、ベル社としてもジェットエンジンに見合った洗練された機体設計を考える余裕もなく、レシプロエンジン機とまったく変わらぬ直線翼形態の、左右主翼付根下部にエンジンを2基固定し、その各前方に空気取入口を設ける配置とした。そして、要求より3ヶ月遅れた1942年10月1日に初飛行を果たす。

◆　　　　　　◆

　しかしライセンス生産したGE I-Aエンジンの推力は1基あたりわずか590kgしかなく、総重量約4.8トンの機体には明らかにパワー不足だった。それ故、XP-59の最大速度は、レシプロエンジン機のP-47やP-51のそれにも及ばない620km/h程度にとどまった。

　XP-59に続き、1942年2月に13機発注されていた実用試験機YP-59Aは、推力を748kgに向上させたGE I-16に換装されたが、それでも最大速度は658km/hまでしか伸びなかった。

YP-59A

P-59A
愛称のエアラコメットは「空飛ぶ彗星」の意。

　ともあれ、当局はP-59を初めてのジェット機の取扱い、操縦訓練には必要という意図で、1944年3月に生産型としてP-59Aを100機発注し、同年8月から納入が始まった機体をもって第412戦闘航空群（412FG）を編成し、レシプロ機からの転換訓練を担当させた。ただしP-59Aは20機つくったところで生産打ち切りとなり、エンジンを改良型のJ31-GE-5（推力907kg）に換装するP-59Bに切り換えられた。

　だがそのP-59Bも30機つくられたところで打ち切られ、発注分の残り50機はキャンセルされた。

　不本意な結果となったP-59の雪辱を果たすべく、ベル社はホイットル系に代わるイギリスはデ・ハビランド社製H-1「ゴブリン」遠心式ターボジェットエンジン（推力1,588kg）1基を胴体後部内に固定し、左右主翼前縁付根に空気取入口を設ける単発型の新XP-59B案を当局に提出した。

　だが、当局からの回答は、"貴社はP-39とP-63の量産に全力を注ぐべし"という素っ気ないもので、提案は却下。おまけにXP-59Bに関する全ての設計図、データ類はロッキード社に譲渡すべしという屈辱的な付帯事項まで添えてあった。

P-59A　　　　　　　　　●諸元/性能

全幅：13.87m、全長：11.84m、全高：3.66m、自重：3,606kg、全備重量：4,909kg、エンジン：ゼネラル・エレクトリック　J31-GE-3　遠心式ターボジェット（推力748kg）×2、最大速度：658km/h、航続距離：604km、武装：12.7mm機銃×3,37mm機関砲×1、爆弾：907kg,又はロケット弾×8、乗員：1名

P-39 & P-63 & P-59A-1

ベル XP-77（1944年）

XP-77 1号機

第二次世界大戦が勃発し、軍用機生産に拍車がかかることが予測されると、"持てる国"のアメリカでも貴重なジュラルミン材の使用を抑えるため、木材主体の安価な戦闘機を用意したほうがよいという考えが浮上。1941年10月、ベル社に対しXP-77の型式名により試作発注された。

エンジンはレンジャー社が開発中の小型・軽量機用のXV-770-9（520hp）を搭載し、機体骨組みは木材にし、外鈑のみジュラルミン鈑を使用、前脚式の降着装置を持ち、高度8,200mにて最大速度660km/hが出せる筈、というのが設計陣の目算だった。

しかしエンジンの実用化が遅れたために、原型機の初飛行は1944年5月と大幅に遅れてしまい、最大速度は計算値より130km/hも遅い531km/hにとどまった。

すでに開発スケジュールが遅れていることに苛立っていた当局は、当初に発注していたテスト用機25機製作を6機、次いで2機まで減らし、事実上本機に対する興味を失なっていた。

それでなくとも、この頃の陸軍戦闘機隊にはP-47、P-51の"両雄"が余りあるほど充足しており、ジュラルミン材の不足も杞憂に帰していたため、1944年12月をもってXP-77の開発は中止と通告された。

XP-77　●諸元/性能

全幅：8.38m、全長：6.96m、全高：2.49m、自重：1,295kg、全備重量：1,625kg、エンジン：レンジャーXV-770-6 空冷倒立V型12気筒（520hp）×1、最大速度：537km/h、航続距離：491km、武装：12.7mm機銃×2,20mm機関砲×1、爆弾：136kg、乗員：1名

XP-77 1号機

ノースロップ XP-79B フライング・ラム（1945年）

XP-79B

大戦中には、どう見ても実用機になり得ない、奇想天外な発想の航空機が各国で試作されたが、アメリカにおけるその筆頭格のひとつがXP-79であろう。全翼形態機の実用化に執念を燃やすノースロップ社が、当局に働きかけ、1943年1月に原型機製作の発注にこぎつけた。

ドイツのMe163コメートに倣ったかのような、ロケットエンジン双発の全翼形態戦闘機だが内容はさらに飛躍しており、通常の射撃兵装で撃ちもらした敵機は、マグネシウム合金製の主翼前縁部を体当りさせて切り裂き撃墜するという、なんとも恐ろしい運用構想だった（※）。愛称の「ラム」は体当り用の衝角のことだ。パイロットはその時の衝撃に耐えられるよう、左右エンジン間に腹這い姿勢で搭乗する。

しかしロケットエンジンの開発が中止されたた

めに、動力をウェスチングハウス19Bターボジェットに変更し、改めてXP-79Bの型式名で作業を継続。大戦が終結して約1ヶ月後の1945年9月12日、ようやく初飛行にこぎつけた。だが、離陸して15分が経過したとき、機体は突然スピン（錐揉み）に陥り、回復できないまま墜落して大破炎上してしまい、そのまま開発中止を通告された。全翼形態機の安定した飛行術そのものがまだ把握できていなかったが故の結果である。

XP-79B　　●諸元/性能

全幅：11.58ｍ、全長：4.26m、全高：2.13m、自重：2,649kg、全備重量：3,932kg、エンジン：ウェスチングハウス 19B ターボジェット（推力619kg）×2、最大速度：880km/h（計算値）、航続距離：1,598km（計算値）、武装：12.7mm機銃×4、爆弾：——、乗員：1名

XP-79B

352437

（※）体当たり攻撃は一部の関係者が提案していたのみという説もある。

ロッキード P-80 シューティングスター（1944年）

P-80A

　ベル社が進めていた改良型XP-59Bの設計、風洞実験資料など一式を、当局の指示によって受け取ったロッキード社は、"奇才"ケリー・ジョンソン技師を中心に独自の改良を加えながら、社内名称「L-140」案としてとりまとめ、1943年6月当局に提出した。

　同案はただちに受理され、XP-80の型式名で原型機製作が発注された。すでに、この頃にはドイツのMe262、イギリスのグロスター「ミーティア」両ジェット戦闘機の実用化が進められている状況下で、XP-80は180日以内に完成させるべし、という厳しい付帯条件が付けられていた。

　そのためロ社技術陣は週6日、1日10時間勤務という突貫作業を貫き、条件より1ヶ月以上も早く11月8日には機体の完成にこぎつけた。しかし搭載予定のイギリス製H-1B「ゴブリン」エンジンの到着が遅れ、初飛行は翌1944年1月8日にズレ込んだ。

　XP-80は、レシプロエンジン機と変わらぬ直線翼のオーソドックスな形態だったが、胴体は後部内に収めたエンジンの直径ギリギリまで絞られた、細身のスマートな形状で、層流翼型断面の主翼と相埃って最大速度は双発のMe262に比べて少し劣るものの、808km/hの高速を示した。

◆　　　　◆

　当局はただちに生産型を発注したかったが、イギリス側の都合でゴブリンの供給が不可能となったため、自国製のGE Ⅰ-40（推力1,814kg）に換装し、各部を改修した原型機XP-80A×2機、さらに実用試験機YP-80A×13機が発注されて各種テストを行なった。

　推力が向上した効果で、XP-80Aの最大速度はMe262の870km/hを凌ぐ903km/hを記録。当局が成功を見越してXP-80Aの初飛行2ヶ月前の1944年4月4日に、生産型P-80A×1,000機の量産をロ社に発注していしていた。

　一刻も早く実戦に投入するため、1944年12月以降イギリス、イタリアに各2機ずつのYP-80Aが送られ、後者の2機がヨーロッパ大戦終結までに数度の実戦出撃を行なったものの、ドイツ空軍

XP-80
愛称のシューティング
スターは「流星」の意。

機との交戦の機会はないままに終った。

その後、P-80Aは対日戦に投入する準備が進められたものの、ドイツの降伏から3ヶ月余後の1945年8月15日、日本も連合国に対し無条件降伏して大戦が終結したため、実戦でその高性能を発揮する機会はなかった。

1945年1月、ノースアメリカン社での下請生産分1,000機、さらには同年5月の追加分2,500機の発注分は全てキャンセルされ、結局、戦後にかけて完成したP-80Aは917機だった。

1950年に勃発した朝鮮戦争の頃にはP-80も戦闘機としては性能不足となり、戦後型のP-80B、P-80Cを含め、主に戦闘爆撃機として使われた。

本機の大きな功績は、その後練習機T-33としても大成し、さらには全天候戦闘機F-94の母胎になった点にあると言ってよいかもしれぬ。

P-80A ●諸元/性能

全幅：11.85m、全長：10.52m、全高：3.45m、自重：3,592kg、全備重量：5,307kg、エンジン：アリソンJ33A-17 遠心式ターボジェット（推力1,814kg）×1、最大速度：898km/h、航続距離：2,320km、武装：12.7mm機銃×6、爆弾：907kg、またはロケット弾×10、乗員：1名

P-80C

ノースアメリカン P-82 ツインマスタング（1945年）

XP-82

1943年12月、ヨーロッパ戦域で対ドイツ戦略爆撃を担当している、イギリス本土駐留の第8航空軍（8AF）に、B-17、B-24両四発爆撃機に随伴してドイツ本土奥深くまで侵攻できるP-51Bが配備された。

いっぽう、太平洋戦域ではこのP-51Bの3,000kmを超える長大な航続力をもってしても、なお行動を制限される長距離作戦の可能性があり、陸軍航空軍が実用化を進めている新型四発重爆B-29を護衛できる、さらなる航続力の大きい戦闘機の必要性を感じていた。

そんな折、P-51の開発メーカーであるノースアメリカン社が、手っ取り早く超長距離戦闘機を得る手段として、現在開発中の軽量化型P-51Hを左右に2機結合した、"双子機"案を提出。当局も渡りに舟とばかり、翌1944年1月XP-82の型式名で原型機4機製作を発注した。

エンジンはパッカード・マーリンV-1650-23/-25（1,380hp）と、アリソンV-1710-119（1,500hp）搭載機を2機ずつという振り分けで、後者はのちにXP-82Aと命名された。

中央翼、水平尾翼、主脚収納部などを新規に設計する必要はあったが、既存の機体を流用できる部分が多く、15ヶ月後の1945年4月、まずV-1650-23/-25を搭載した1号機が初飛行した。

テストの結果、最大速度は高度7,650mにて776km/h、同6,100mまでの上昇時間7分、航続力も落下タンク装備で4,000km超と申し分のない性能を示した。

当局も、すでに本機の成功を確信していて、原型機製作発注から2ヶ月後の1944年3月に、V-1650-23/-25エンジン搭載の生産型P-82Bを

P-82B

P-82E

500機発注していた。

このP-82Bの生産1号機は1945年4月に進空したのだが、その4ヶ月後の同年8月15日、日本が無条件降伏して太平洋戦争は終結。そのため、P-82Bは20機で生産打ち切りとなり、残りはキャンセルされた。

◆　　　◆

大戦終結によりP-82Bの残りはキャンセルされたものの、戦後は夜間戦闘機への転身を前提にしたP-82C/Dの実験機が各1機ずつ造られ、テストされた。

また、1945年12月にはコンベア社が試作中の超大型六発爆撃機B-36の護衛用としてアリソンV-1710-143/-145搭載のP-82Eが150機発注されて復活。その生産機は、1948年3月から部隊配備を開始した。

先の夜戦転用テストの結果も良好だったことから、当局は新たな全天候型戦闘機カテゴリーに基づき、1946年秋、P-82EをベースとしたP-82F×100機、P-82G×50機を発注した。両型の相違は、中央翼下面から前方に突き出す形で装備するレーダーにあり、前者はAN/APG-28、後者はHSCR720Cだった。

なお、1947年9月に陸軍航空軍は新たにアメリカ空軍（U.S.Air Force）として独立し、その翌年6月の機種別接頭記号改訂により、P-82もF-82に変わった。

1950年6月25日、朝鮮戦争が勃発すると、当時の日本の九州・板付基地に集結した約30機のF-82F/Gは、翌26日に出撃して北鮮軍機3機を撃墜。最初の戦果を記録した。

P-82E　　　　●諸元/性能

全幅：15.62m、全長：11.91m、全高：4.21m、自重：6,765kg、全備重量：8,664kg、エンジン：アリソンV-1710-143/145 液冷V型12気筒（1,600hp）×2、最大速度：748km/h、航続距離：4,030km、武装：12.7mm機銃×6、爆弾：1,814kg、乗員：2名

P-82G

コンベア XP-81（1945年）

XP-81　　　　　　　　　　　●諸元/性能

全幅：15.39m、全長：13.61m、全高：4.11m、自重：5,786kg、全備重量：8,845kg、エンジン：ゼネラル・エレクトリック GE XT31-GE-1 ターボプロップ（1,650shp）×1 & J33-GE-5 ターボジェット（推力1,700kg）×1、最大速度：816km/h（計算値）、航続距離：4,023km（計算値）、武装：12.7mm機銃、又は20mm機関砲×6（予定）、爆弾：1,451kg、乗員：1名

ジェット戦闘機の開発も本格化した1944年2月、当局はその揺籃期のジェットエンジンの燃費がきわめて高く、航続時間が短いという弱点を補うため、新たな動力として注目されていたターボプロップエンジンを併載した、それまでにないコンセプトの新型戦闘機開発を企図。コンベア社にXP-81の型式名で原型機2機、YP-81の型式名で実用試験機13機を発注した。

原型機は1945年2月に初飛行したが、半年後には大戦が終結したため、開発中止を通告された。

ベル XP-83（1945年）

P-59の改良型の開発をロッキード社に横取りされた形のベル社は、1944年3月、そのロ社のP-80と同じJ33ターボジェットエンジン2基を搭載する、ひと回り大型の戦闘機を企図し当局に提案したところ、同年7月XP-83の型式名で原型機2機製作が発注された。

設計の基本はP-59にほぼ準じており、原型1号機は1945年2月に初飛行した。しかし、速度

はP-80に劣り、双発故に機動性も同様という結果で、不採用を通告された。

XP-83　　　　　　　　　　　●諸元/性能

全幅：16.15m、全長：13.67m、全高：4.65m、自重：6,398kg、全備重量：10,927kg、エンジン：ゼネラル・エレクトリック J33-GE-5 遠心式ターボジェット（推力1,700kg）×2、最大速度：840km/h、航続距離：2,784km、武装：12.7mm機銃×6、爆弾：907kg、乗員：1名

バルティー XA-41 （1944年）

XA-41

1942年6月、P&W社の新型大出力空冷エンジンR-4360（3,000hp）が耐久審査をパスし、実用化が近いと考えたバルティー社は、本エンジンを搭載する強力な単発型攻撃機を、社内名称「モデルV-90」として同年9月、自主的に開発開始した。

折りしも、同様の機体を求めていた当局はこれに着目し、2ヶ月後の11月10日付けでXA-41の型式名により原型機2機製作を発注した。

搭載エンジンのサイズからして大型のため、XA-41の胴体は、双発機並みの15m近い長さになり、外翼にのみ強めの上反角をつけた主翼と、トレッド（左右主車輪間隔）の大きい頑丈そうな主脚と相埃って精悍なイメージの外観になった。

しかし、1943年もなかば頃になると、現用のP-38、P-47戦闘機でも爆弾を携行すれば十分に威力のある地上攻撃機となることがわかり、XA-41の如き高価な新規攻撃機の必要性は薄らぎ、開発中止が検討された。

その結果、同年11月にXA-41はR-4360エンジンのテスト・ベッドとして原型機1機のみの製作となり、会社側が提案した戦闘機への転用も却下された。

XA-41は、1944年2月に初飛行を果たし、所要のテストに使われたのち、1950年にスクラップ処分となった。

本機が1926年のダグラスXA-2以来、Aの接頭記号を冠する陸軍攻撃機の最後の機体になった。

XA-41	●諸元/性能

全幅：16.46m、全長：14.83m、全高：4.42m、自重：6,078kg、全備重量：8,528kg、エンジン：P&W R-4360-9 空冷星型4列28気筒（3,000hp）×1、最大速度：568㎞/h、航続距離：1,529km、武装：12.7㎜機銃×4、37㎜機関砲×2、爆弾：1,496kg、乗員：1名

XA-41

ノースロップ XB-35 （1946年）

XB-35　1号機

　航空機誕生以来、多くの設計者たちが究極の理想形態と考えた「全翼機」すなわち、"オール・フライング・ウイング"の実現に挑戦した。しかし実験機の類ならまだしも、実用機として使うには多くの技術的問題を解決しなければならず、事は簡単ではなかった。そんな中で、人一倍全翼機の実現に執念を燃やしたのが、アメリカはノースロップ社の社主でもあったジョン・K・ノースロップである。

　彼は1929年初め、当時33才で最初の全翼形態に近い実験機X-216Hを飛行させ、紆余曲折を経て1939年に自身の名を冠するノースロップ社を創立した直後の1940年6月、完全な全翼形態の実験機N-1Mの初飛行を果たした。

　このN-1Mによる200回以上のテスト飛行により、操縦、安定性などにとくに大きな問題がないことを確認したノースロップは、1941年、当局に全翼形態の利点が最も生かせる大型爆撃機の設計案を提示した。

　折しも、当局はすでにヨーロッパで大戦が勃発

していたことに鑑み、対ドイツ戦用に大西洋を往復できる超長距離爆撃機、いわゆる"Ten-Ten Bomber"（1万ポンドの爆弾を搭載し、1万マイルの航続力を有するという意味）を計画していた。そしてこの計画に沿い1941年11月、ノースロップ社には全翼形態のXB-35、コンソリデーテッド社には通常形態のXB-36の名称で原型機製作を発注した。

　当局は未知の形態である全翼機に一抹の不安もあり、用心のために275hpの小型エンジン2基を推進式に搭載した1/3スケールの実験機N-9M 4機の製作を発注。XB-35の開発と併行して、飛行特性の確認、自動操縦装置の開発、全翼形態にパイロットが馴れるための訓練を行なうことにした。

◆　　　　　◆

　XB-35は、全幅52.4m、前縁後退角27度57分の巨大な主翼の内部に、当時P&W社が開発中だった"究極のレシプロ空冷エンジン"R-4360（3,000hp）4基を推進式に搭載し、長い延長軸により後縁に取り付けた二重反転式4翅プロペラを

XB-35　1号機

駆動。総重量70トンの超ヘビー級機体を飛翔させる算段だった。

　しかし、前例のない形態、且つ巨大さ故に試作は難航し、原型1号機の完成は大戦終結1ヶ月前の1945年7月と大幅に遅れ、初飛行は戦後の1946年6月にズレ込んだ。

　しかも、完成した機体は複雑な構造の二重反転式プロペラと減速ギアのトラブルが未解決という状況もあり、当局はXB-35の不採用と、ジェット爆撃機就役までのつなぎ役としてXB-36を採用することを決めた。

　ノースロップ社はそれでもあきらめず、YB-35の2機をジェットエンジンJ-35X×8基に換装したXB-49、さらにはYRB-49Aの原型機製作の受注を取り付けたが、結局はモノにならず不採用となった。だがノースロップ社の全翼機開発は無駄ではなく、40年の雌伏を経て、今日唯一の実用全翼機（※）としてアメリカ空軍が配備しているB-2ステルス爆撃機によって報われることになる。

XB-35　　　　　　　　　●諸元/性能

全幅：52.46m、全長：16.19m、全高：6.10m、自重：36,763kg、全備重量：70,370kg、エンジン：P&W R-4360-17/-21 空冷星型4列28気筒（3,000hp）×4、最大速度：633km/h（計算値）、航続距離：16,100km（計算値）、武装：12.7mm機銃×20、爆弾：4,536kg、乗員：9名

XB-35　1号機

YB-49　1号機

（※）2024年現在、ノースロップ・グラマンによって後継のB-21ステルス全翼爆撃機が開発中。

コンベア B-36 ピースメーカー（1946年）

戦略偵察機型の
RB-36D

XB-35と同じく、1941年度のTen-Ten Bomber計画に応募し、同年10月当局からXB-36の名称で原型2機製作を受注することに成功したのが、コンソリデーテッド社の「モデル35」案である。

XB-35が全翼形態という極めてラディカルな設計だったのとは対照的に、XB-36は円形断面の細長い胴体と、前縁に強い後退角をもつ主翼を組み合わせた、通常形態機だった。ただし、そのサイズ、重量が当時としては桁外れで、全幅は70.1m、全長は49.4m、総重量は148トンに及ぶ空前の巨大機であった。

エンジンはXB-35と同じくP&W R-4360で、装備法も主翼内に後ろ向きに固定し、後縁の推進式プロペラを駆動するという形態を採ったが、その巨大さ故にエンジンは2基多い、片翼3基ずつの六発だった。

むろん高々度飛行を前提にするので、前、後部の乗員室は与圧キャビンとされ、双方を往来するための連絡トンネルは全長24mにも及び、移動に は車輪付きのカートを使用するという具合だった。

◆　　　◆

戦時下のこととて、当局はXB-36の開発を急ぐようコンソリデーテッド社を急かしたが、当時同社はB-24の大量生産に加え、B-29の対抗馬でもあったB-32の開発にも追われていて設計陣の手が十分に廻らず、作業は大幅に遅れた。

結局、原型1号機が完成したのは太平洋戦争終結24日後の1945年9月8日のことで、このときはまだエンジンも未搭載だった。そして、エンジンの搭載、各装備品が揃うのにさらに1年近くを要し、ようやく初飛行にこぎつけたのは翌1946年8月8日のことで、XB-35のそれに2ヶ月遅れだった。

性能テストしてみると、計画値をかなり下廻ったうえに、機体各部にも多くの不具合や設計ミスがあることが判明。コンベア社（1943年3月にコンソリデーテッド社とバルティー社が合併して新社名となっていた）の技術陣はその対策に忙殺さ

XB-36・1号機

れることになった。

　巨大なるが故に、1機あたりの価格も巨額となる XB-36は、予算を捻出するにもひと苦労で、海軍の突き上げも重なり不採用の公算がきわめて高かった。

　しかし、XB-35が減速ギアとプロペラの問題で不採用濃厚となるなか、発足から日が浅い戦略航空軍団（Strategic Air Command——SACと略記）にとって、B-29の後継機は絶対に必要であった。

　コンベア社必死の改修と、新たに補助動力として両外翼下面にJ47ジェットエンジン4基を装備することにより、当初の計画性能をクリアできることなどが効を奏し、1943年7月にオーダーされていた生産型100機のうち、まずB-36Aの名称で22機の製作が承認された。

　1947年9月18日、陸軍航空軍は新たにアメリカ空軍（U.S.Air Force）として独立し、B-36Aはその傘下のSACにおける「H」カテゴリーの主力重爆撃機として遇され、翌1948年6月に7BGを皮切りに就役を開始した。

　当時冷戦下でソビエトの脅威に直面していたアメリカは、否応なしの軍備拡張を強いられており、“金喰い虫”と揶揄されていたB-36も、A型22機につづきB型73機が生産され、うち64機がジ

B-36B

ェットエンジン装備のB-36Dに改造された。そしてさらにF型,H型,J型とその偵察機仕様も含め、総計383機つくられ、純ジェット爆撃機B-47就役までのつなぎ役を全うした。

RB-36D

ダグラス XB-42 ミックスマスター（1944年）

コストのかかる大型爆撃機よりも、双発で高性能を狙ったほうが得策というコンセプトのもと、ダグラス社の自主提案を受けた当局より原型機製作発注がなされ、1944年6月に初飛行したのがXB-42。

2基の液冷V-1710エンジンを胴体内に後方向きに搭載し、5本の延長軸で後端の二重反転式6翅プロペラを駆動するという、奇抜な設計が話題になった。しかし、高性能ではあったが、原型機2機とも墜落・大破したうえ、大戦終結の目途がついたことで開発中止を通告された。

XB-42	●諸元/性能

全幅：21.49m、全長：16.36m、全高：5.74m、自重：9,475kg、全備重量：16,194kg、エンジン：アリソンV-1710-125 液冷V型12気筒（1,325hp）×2、最大速度：660km/h、航続距離：2,930km（正規）、武装：12.7mm機銃×4、爆弾：3,628kg（正規）、乗員：3名

P&W XB-44（1945年）

"究極の空冷レシプロエンジン"とも言うべき、R-4360ワスプメジャーの開発メーカーでもあったプラット・アンド・ホイットニー社は、B-29の搭載エンジンでもあった、ライバル会社ライト社のR-3350をR-4360に換装すれば格段の性能向上が図れると当局に提案。原型機製作を受注したのがXB-44である。

原型機は1945年5月に初飛行し、狙いどおりの高性能を示したが、採用は戦後になり開発権もボーイング社に移り、改めてB-50の名称で1947年以降計370機生産された。

XB-44	●諸元/性能

全幅：43.05m、全長：30.18m、全高：9.02m、自重：34,000kg、全備重量：63,400kg（最大）、エンジン：P&W R-4360-33 空冷星型4列28気筒（3,000hp）×4、最大速度：631km/h、航続距離：3,860km、武装：12.7mm機銃×2、爆弾：9,072kg、乗員：10名

ダグラス C-54 スカイマスター (1942年)

C-54

DC-3とその軍用輸送機型C-47を成功させたダグラス社は、1938年により大型の民間旅客機DC-4Eを初飛行させたが、大型過ぎたうえに設計上のまずさもあって各航空会社の評価が低く、生産は中止され、原型機は体よく日本に売却してしまった。

その反省から、ダグラス社技術陣はDC-4Eのサイズを少し小型化し、空力的洗練にさらに磨きをかけた再設計機DC-4Aを各航空会社に提示。幸い4社から計33機を受注し、ただちに生産に入った。

しかし1941年12月、ハワイ・真珠湾が日本海軍空母部隊の奇襲攻撃をうけ、アメリカは日本と枢軸同盟関係にあったドイツ、イタリアにも宣戦布告、否応なしに大戦参加と軍備の拡充を強いられた。

この当時、ダグラス社ではDC-4Aの最初の9機を製作中であったが、ただちに全てが軍に徴庸され、1942年はじめ、陸軍航空当局はC-54の名称により軍用輸送機として最初の34機を生産発注した。C-54としての原型機はつくられず、DC-4Aそのままの生産1号機は1942年3月に初飛行した。

P&W R-2000エンジン (1,290hp) 4基のC-54は、C-47に比べ2倍の搭載量があり、飛行性能も最大速度が50km/h以上速く、航続距離は2.5倍近い6,200km余に達したので、申し分ない大型輸送機だった。

ダグラス社は、C-54の専用生産工場として新たにイリノイ州シカゴ工場を建設。以後C-54A、B、D、E G各型が1945年にかけて合計1,162機生産され、ヨーロッパ、アジア両戦域で広く使われた。

大戦終結後、余剰となった多くのC-54が、世界中の民間航空会社に払い下げられて本来の旅客機として長く使われた他、軍に残った数百機のC-54のうち半数がMATS (軍事航空輸送隊) に移籍し、ベルリン空輸作戦、朝鮮戦争などに参加。主力輸送機として脚光を浴びた。

C-54A

C-54A ●諸元/性能

全幅：35.80m、全長：28.60m、全高：8.40m、自重：16,783kg、全備重量：28,123kg、エンジン：P&W R-2000-7 空冷星型複列14気筒 (1,290hp) ×4、最大速度：426km/h、航続距離：6,275km、武装：——、爆弾：——、乗員：2名＋乗客50名

ロッキード C-69 コンステレーション（1943年）

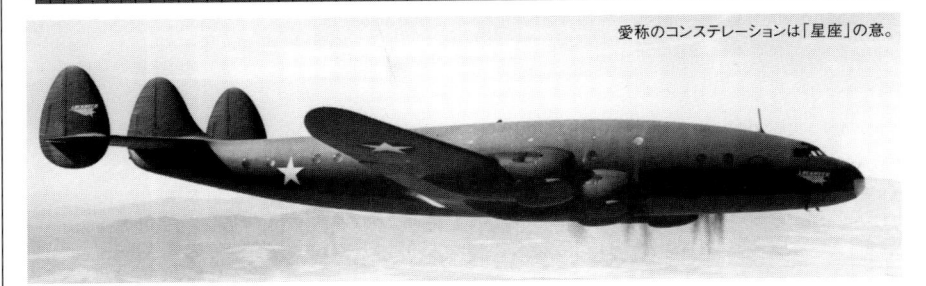

愛称のコンステレーションは「星座」の意。

　C-54と同様、戦前に大陸間定期航路用大型旅客機として設計着手されながらも、アメリカの大戦参入により陸軍向けの軍用輸送機に転用され、1943年1月に初飛行したのがC-69である。
　ライトR-3350エンジンの大出力（2,200hp）により、C-54を格段に凌ぐ高性能を発揮したが、軍用には適さず、大戦終結までにわずか22機引き渡されたのみ。本機の真髄は、戦後に"空の貴婦人"と呼ばれ、民間エア・ライナーとして絶賛を博したことだろう。約500機もの多くが就航した。

C-69	●諸元/性能

全幅：37.49m、全長：29.00m、全高：7.21m、自重：22,906kg、全備重量：32,659kg、エンジン：ライトR-3350-35 空冷星型複列18気筒（2,200hp）×4、最大速度：531km、航続距離：3,864km、武装：——、爆弾：——、乗員：9名＋乗客60名

フェアチャイルド C-82 パケット（1944年）

　民間旅客機からの転用で占められていた陸軍輸送機界で、最初から重量貨物の積み降ろしに適した専用機として、1941年に「特殊軍用貨物輸送機」の計画名で開発着手されたのがC-82である。
　大型貨物の搬入出を後部の貝型扉を開閉して行なう、地上との間隔を狭くした太い箱型の中央胴体と、ガル型主翼、双ブームで支えた尾翼という斬新な設計が注目された。原型機は1944年9月に初飛行し、テストで優秀な成績を収めたが、生産機の引き渡しは戦後になり大戦には間に合わなかった。その後、1948年までに200機つくられた。

C-82A	●諸元/性能

全幅：32.46m、全長：23.51m、全高：8.03m、自重：14,755kg、全備重量：24,516kg、エンジン：P&W R-2800-85 空冷星型複列18気筒（2,100hp）×2、最大速度：402km/h、航続距離：6,238km、武装：——、爆弾：——、乗員：4名＋乗客42名

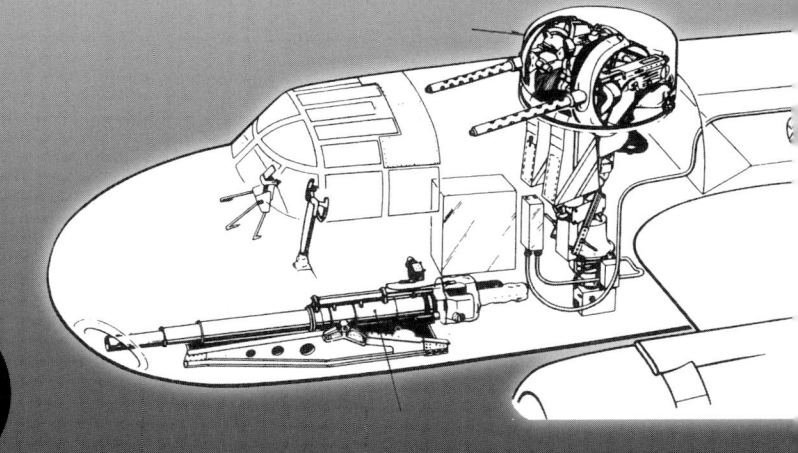

第五章

アメリカ陸軍機
関連資料一覧

アメリカ陸軍航空概史

陸軍航空の始まりは、ライト兄弟による歴史的な人類最初の動力飛行成功から3年8ヶ月後の1907年8月1日、通信連隊（Signal Corps）の内部組織として創設された、航空技術師団（Aeronautical Division）に端を発する。同師団は半年後の1908年2月、そのライト兄弟の会社から「ライトA型」1機を購入して飛行訓練を開始。航空機運用への第一歩を印した。

第一次世界大戦勃発前年の1913年3月、ライト、カーチス社製機を中心に10数機を保有するまでになった航空技術師団は、初めての実戦部隊である第1飛行隊を編成。1916年3月メキシコとの国境近くに移動して地上軍の懲罰遠征を支援した。

この間、1914年7月18日には航空技術師団は航空班（Aviation Section）に改組され、士官60名、兵士260名という人員構成になっていた。

◆　　　　　◆

1917年4月6日、アメリカは連合国側の一員として折りからの第一次世界大戦に参戦することになったが、ヨーロッパ当事国のように、実戦に投入できる高性能の自国製機を持っておらず、主にイギリス、フランス製の機材を購入して戦うしか

第一次世界大戦期のアメリカ遠征軍の主力機となった、デ・ハビランドDH-4爆撃機。

なかった。

最初にヨーロッパに派遣されたのは第1飛行隊で、1917年9月現地に到着した。「アメリカ遠征軍」（American Expeditionary Force──A.E.Fと略記）と呼称された派遣部隊は、翌1918年11月の休戦までに計45個飛行隊、受領した航空機は6,287機にも及び、航空班全体の人員は20万名にまで膨れ上がっていた。

1937年9月27日、陸軍パレードが挙行されたニューヨーク市街の摩天楼上空を、超低空でデモ飛行する第2爆撃航空群（2BG）のY1B-17編隊。実用試験機を駆り出しての精一杯の行動だが、自国の航空戦力を一般市民に誇示するには十分であった。

ヨーロッパで第二次大戦が勃発し、軍備拡張を急いでいたアメリカ陸軍航空隊を象徴するようなショット。1940年9月、バージニア州のラングレー基地に集結した各機種で、手前はP-40、その向こうはB-17とB-18の列線。

大戦終結後は、他国と同様にアメリカも軍事予算の大幅削減を行なったため、航空班の人員は1万名にまで激減した。

1926年7月2日、航空班は新たに陸軍航空隊（U.S. Army Air Corps）と改称したが、この時までには士官1,650名、兵士1万5千名を擁するほどに回復していた。

◆　　　◆

ヨーロッパで第二次世界大戦が勃発して1年9ヶ月余後の1941年6月20日、アメリカはまだ参戦していなかったが、陸軍航空隊は戦時態勢に備え、新たに陸軍航空軍（U.S. Army Air Force ── USAAFと略記）と改称。地上軍のそれと同格の総司令部（G.H.Q.）を設け、より独立性を高めた。

組織改革も行なわれ、アメリカ本土の防空は北東、北西、南東、南西に区分けし、それぞれを第1〜4までの航空軍が担うことにした。

1941年12月、日本海軍空母部隊によるハワイ真珠湾攻撃を受けたのを機にアメリカも日独伊三国同盟に対して宣戦布告、大戦の当事国になった。

そしてこれを契機に対日戦を担う第5、7、13、14、20航空軍、対独・伊戦を担う第8、9、12、15航空軍を順次編成してアジア、ヨーロッパ両面で戦った。なおアメリカの"飛び地"であるパナマ運河、アラスカ方面には、規模の小さい第6、および第11航空軍が配置された。

その強大な国力にモノを言わせ、1944年3月時点で陸軍航空軍の総人員は241万名、航空機7万8千機余を擁する世界最強の"空軍"に膨張し、大戦を連合軍勝利へと導く原動力になった。

戦後の軍備縮小で、1947年5月には総人員は30万名にまで減じたが、同年9月、陸軍航空軍はアメリカ空軍（U.S. Air Force）として完全に独立。勢力を順次拡大しつつ今日に至っている。

その圧倒的な高性能と兵力で日本々土を焦土と化し、最後には原子爆弾の投下により降伏の使者となったB-29。

アメリカ陸軍機の命名基準

ライト、カーチス複葉機に象徴される揺籃期の機体は別にして、B-17、P-40、A-20など第二次世界大戦期に登場した馴染みのある各種機体は、1924年5月に定められた陸軍機の命名法に基づいたものである。

大戦前の各機種は、発注数が少なかったこともあって、B-17Dのように機体名称と型式を組み合わせるだけで済んでいた。

しかし、大戦に入ると一度の発注数が数百から千単位に激増したため、同じ型式でも装備変更などを明確に識別する必要が生じ、さらには、同じ型式を別会社の工場が下請生産する状況も生じたため、それらにも対処するべき付加事項が定められた。

こうした措置を、併載した写真のB-17Gを例に説明したい。双発以上の大型機は機首左側に、単発機の場合は主翼付根前方の胴体左側に小さな黒色文字でステンシルされた。

3行にして印すのが基準で、1行目はU.S.ARMY-MODELに続けて機体名称/型式を、写真の場合はB-17G-80-BO、2行目はAIR FORCES SIRIAL No.に続けてシリアル・ナンバーを、同様に43-38074を、3行目はCREW WEIGHTに続けて乗員の総重量を、同様に1200LBSとステンシルした。

この機体名称/型式の部分、B-17G-80-BOが意味するのは、Bが爆撃機Bomberの頭文字からとった機種類別記号、17はその歴代機として17番目の制式機、Gはシリーズ・レターと称し、B-17にとってはAから始まる7番目の改良型を示す。-80は、大戦勃発後に規定されたそのシリーズ内の生産ブロックで、-1から5番刻みで一定数ずつ割り振られた。

因みに-80-BOから-105-BOまでの6ブロックは全て200機ずつ生産されている。末尾のBOは、1941年に規定された生産会社を表わすコードで、社名の頭文字と生産工場記号の組み合わせ。むろんBOはボーイング社・シアトル工場製を示す。B-17の場合その他2社の工場でも下請生産されており、ダグラス社ロングビーチ工場製にはDL、ロッキード・ヴェガ社バーバンク工場製にはVEが割り振られた。各社工場の記号はP.160の表のとおり。

なお、機種類別記号は、1919年9月にアルファベットと数字の2文字から成る基準が定められたが、1924年5月に改訂され、アルファベット1〜2文字に変更された。

この規定は、空軍として独立した直後の1948年に小改訂がなされたものの、基本的には1962

B-17G-80-BOの
機首左側クロー
ズアップ

ステンシル記入位置

陸軍機/空軍機 機種類別接頭記号基準（1924〜1948）

記号	機種名称	機種名和訳	適用期間	備考
A	Aerial Target	航空標的	940/'41	無線操縦
A	Amphibian	水陸両用機	948/'62	旧OA
A	Attack	攻撃機	924/'47	のちにBとなる（例:ダグラス A-26→B-26）
A	Attack	攻撃機	960〜	
AG	Assault Glider	地上攻撃滑空機	1942/44	
AT	Advanced Trainer	高等練習機	1925/'47	のちにTとなる
B	Bomber	爆撃機	1925〜	
BC	Basic Combat	基本練習機	1936/'40	のちにATとなる
BG	Bomb Glider	滑空爆弾	1942/44	
BLR	Bomber,Long Range	長距離爆撃機	1935/'36	のちにBに統一
BT	Basic Trainer	基本練習機	1930/'47	のちにTに統一
BQ	Bomb Controllable	誘導爆弾	1942/'45	
C	Cargo	輸送機	1925〜	
CG	Cargo Glider	滑空輸送機	1941/'47	のちにGとなる
CQ	Target Control	標的曳航機	1942/'47	のちにDとなる
E	Special Electronic Installation	特殊電子機器装備機	1962〜	
F	Fighter	戦闘機	1948〜	旧P
F	Photographic	写真偵察機	1930/'47	のちにRとなる
FG	Fuel Glider	滑空給油機	'944/'47	
FM	Fighter Multiplace	汎用戦闘機	1936/'41	
G	Glider	滑空機	1948〜	
G	Gyroplane	オートジャイロ	1935/'39	のちにO,Rとなる
GB	Glide Bomb	滑空爆弾	1942/'47	
GT	Glide Torpedo	滑空魚雷	1942/'47	
H	Helicopter	ヘリコプター	1948〜	旧R
HB	Heavy Bomber	重爆撃機	1925/'27	のちにBに統一
JB	Jet Propelled Bomb	ジェット噴射爆弾	1943/'47	
L	Liaison	連絡機	1942/'62	旧O
LB	Light Bomber	軽爆撃機	1924/'32	のちにBに統一
O	Observation	観測機	1924/'42	のちにLとなる
O	Observation	観測機	1962〜	旧L
OA	Observation Amphibian	水陸両用観測機	1925/'47	のちにAとなる
OQ	Aerial Target	標的機——模型	1942/'47	のちにQとなる
P	Pursuit	追撃機	1925/'47	のちにFとなる
P	Patrol	哨戒機	1962〜	
PB	Pursuit Biplace	複座追撃機	1935/'41	
PG	Powered Glider	動力滑空機	1943/'47	
PQ	Aerial Target	標的機	1942/'47	旧A,Q
PT	Primary Trainer	初歩練習機	1925/'47	のちにTに統一
Q	Aerial Target	標的機	1948/'62	旧OQ,PQ
R	Reconnaissance	偵察機	1948〜	旧F
R	Rotary Wing	回転翼機——ヘリコプター	1941/'47	のちにHとなる
S	Supersonic/Special Test	超音速機/特殊テスト機	1946/'47	のちにXとなる
S	Anti-Submarine	対潜水艦哨戒機	1962〜	
T	Trainer	練習機	1948〜	旧AT,BT,PT
TG	Training Glider	滑空練習機	1941/'47	
U	Utility	雑用機	1952〜	
V	VTOL、またはSTOL	垂直、または短距離離着陸機	1954〜	
X	Special Research	特殊実験機	1948〜	旧XS
Z	Airship	飛行船	1962〜	

年の3軍（空軍、陸軍、海軍/海兵隊）統合命名法の制定時まで継承された。それを一覧表にまとめたのが上の表。

◆　　　　◆

機種類別記号の前に、例えばXB-17やYP-38のようにアルファベットを冠するのは、Xは原型機、Yは受用試験機、Eは軍の委託で民間会社が特別な実験を行なう場合の機体、Rは旧式化して本来の用途とは別の目的に使用される機体、Zは用廃機を示した。

アメリカ陸軍機生産会社／工場コード

コード	社名（工場所在地・州・国名）
AE	エアロンカ（オハイオ）
AG	エアグライダー（オハイオ）
BA	ベル（アトランタ工場・ジョージア）
BG	バブコック（フィラデルフィア）
BE	ベル（バッファロー工場・N.Y.）
BH	ビーチ（カンザス）
BL	ベランカ（デラウェア）
BN	ボーイング（レントン工場・ワシントン）
BO	ボーイング（シアトル工場・ワシントン）
BR	ブリーグレブ・セイルプレーン（カリフォルニア）
BS	ボウルス・セイルプレーン（カリフォルニア）
BU	バッド（フィラデルフィア）
BW	ボーイング（ウィチタ・カンザス）
CE	セスナ（カンザス）
CF	コンソリデーテッド・バルティー（フォートワース・テキサス）
CH	クリストファー（ミズーリ）
CK	カーチス・ライト（ルイスビル・オハイオ）
CL	カルバー（カンザス）
CM	コモンウェルス（ミズーリ）
CR	コーネリアス（オハイオ）
CS	カーチス・ライト（セントルイス・ミズーリ）
CU	カーチス・ライト（バッファロー・N.Y.）
DC	ダグラス（シカゴ・イリノイ）
DE	ダグラス（エルセグンド・カリフォルニア）
DH	デ・ハビランド（カナダ）
DK	ダグラス（オクラホマシティ・オクラホマ）
DL	ダグラス（ロングビーチ・カリフォルニア）
DO	ダグラス（サンタモニカ・カリフォルニア）
DT	ダグラス（タルサ・オクラホマ）
FA	フェアチャイルド（ハガースタウン・ミズーリ）
FB	フェアチャイルド（バーリントン・ノースカロライナ）
FE	フリート（オンタリオ）
FL	フリートウイングス（ペンシルバニア）
FO	フォード（ミシガン）
FR	フランクフォート（イリノイ）
FT	フレッチャー（カリフォルニア）
GA	G&A（ペンシルバニア）
GC	ゼネラル・モーターズ／フィッシャー（クリーブランド・オハイオ）
GE	ゼネラル・エアクラフト（ロングアイランド・N.Y.）
GF	グローブ（テキサス）
GM	ゼネラルモーターズ／フィッシャー（デトロイト・ミシガン）
GN	ギブソン・リフリゼネレーター（ミシガン）

コード	社名（工場所在地・州・国名）
GR	グラマン（N.Y.）
HI	ヒッギンス（ルイジアナ）
HO	ハワード（イリノイ）
HU	ヒューズ（カリフォルニア）
IN	インターステート（カリフォルニア）
KE	ケレット（ペンシルバニア）
LK	ライスター・カウフマン（ミズーリ）
LO	ロッキード（カリフォルニア）
MA	グレン・L・マーチン（バルチモア・メリーランド）
MC	マクドネル（セントルイス・ミズーリ）
MM	マクドネル（メンフィス・テネシー）
MO	グレン・L・マーチン（オマハ・ネブラスカ）
NA	ノースアメリカン（イングルウッド・カリフォルニア）
NC	ノースアメリカン（カンザスシティ・カンザス）
ND	ヌーアダイン（カナダ）
NK	ナッシュ・ケルビネーター（ミシガン）
NO	ノースロップ（カリフォルニア）
NT	ノースアメリカン（ダラス・テキサス）
NW	ノースウエスターン（ミネソタ）
PI	パイパー（ペンシルバニア）
PL	プラット・ルページ（ペンシルバニア）
PR	プラット・リード（コネチカット）
RA	リパブリック（エバンスビル・インディアナ）
RD	リード・ヨーク（ウィスコンシン）
RE	リパブリック（ファーミングデール・ロングアイランド／N.Y.）
RI	リッジフィールド（ニュージャージー）
RO	ロバートソン（ミズーリ）
RY	ライアン（カリフォルニア）
SI	シコルスキー（コネチカット）
SL	セントルイス（ミズーリ）
SP	スパルタン（オクラホマ）
SW	シュワイザー（N.Y.）
TA	テイラークラフト（オハイオ）
TI	ティム（カリフォルニア）
UN	ユニバーサル（バージニア）
VE	ロッキード・ベガ（カリフォルニア）
VI	カナディアン・ヴィッカース（カナダ）
VN	バルティー／コンベア（ナッシュビル・テネシー）
VU	バルティー（ドウニイ・カリフォルニア）
VW	バルティー／スチンソン（ウェイン・ミシガン）
WA	ワード／ファニチャー（アーカンサス）
WI	ウイチタ（テキサス）
WO	ウェイコ（オハイオ）

アメリカ陸軍機のシリアル・ナンバー

アメリカに限らず、いずれの国でも保有する軍用機には、必ず生産されたときの個有機識別標識がつけられる。人間社会でいうところの、いわば戸籍簿に当たるものだ。標識の基準は、国によってまちまちであったが、アメリカ陸軍機の場合は、"シリアル・ナンバー (Serial Number)" と称し、1912年ごろより、個々の機体の胴体に記入しはじめた。もっとも、当時は保有機数もせいぜい十数機しかなく、単に購入順にナンバーを割り当てていくだけの簡単な方法で済んだ。

1918年になると、ナンバーの頭に陸軍通信連隊航空部 (Signal Corps) を示すS.C.、第一次世界大戦後はこれをA.S. (Air Service) に変えて記入するようになった。

しかし、この方法は長く続かず、1921年には、購入契約がなされた年度の末尾2桁数字を、ナンバーの頭につけるようにし、1926年には、A.S.の記号は、Air Corpsを表すA.C.に変更、さらにシリアル・ナンバーの上にU.S.ARMY、次いで、その中間に機体名称も加えるなど、目まぐるしく変わった。

そして、1931年になると、胴体後部に記入していたこれらの"戸籍簿"は、操縦室左側に高さ1in. (25.4mm) の黒文字で記入するよう変更され、よほど機体に接近しないと、判読できなくなった。

第二次世界大戦が勃発して、アメリカの参戦も必至となった1941年半ば、保有機が急増し、緊迫した基地内で、各機がすぐ識別できるような手段が必要となり、陸軍は、新たにシリアル・ナンバーのみを垂直尾翼に、高さ8in. (203.2mm) を上限 (のちには、四発機などは15in. (381mm) に拡大) として記入するように通達した。

当時は、すでに上面オリーブドラブの迷彩塗装が導入されていたため、シリアルナンバーは目立つように黄色に統一されたが、会計年度数字も下1桁のみとし、ナンバーとの間のハイフンも省略することとした。ナンバーは001から始まるようにしたので、最低でも4桁が基本になる。例えば、1942会計年度契約1号機なら"2001"(帳簿上は42-001)、同年度の最終契約となったB-24J-140-CDは、110188番目に当たったので"2110188"(同42-110188) となった。

ちなみに、陸軍機の大戦中における契約 (購入) 機数は、1940年度が3,162機、1941年度が39,599機、1942年度が110,188機、1943年度が52,437機、1944年度が92,103機、1945年度が49,581機であった。

1943年12月、陸軍機が迷彩塗装を廃止し、全面無塗装に戻ると、垂直尾翼のシリアル・ナンバーも黒に変更された。

B-17Gを例にしたシリアル・ナンバー書体のバリエーション

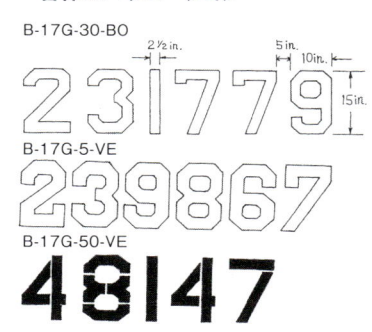

B-17G-30-BO
B-17G-5-VE
B-17G-50-VE

→1944年、イギリス上空を飛行する第8航空軍のB-17G。手前の機は、1942会計年度契約の97503号機(42-97503)、奥の機は1943会計年度契約の37791号機(43-37791)。

主要アメリカ陸軍機製造会社概要

●ベル航空機株式会社

1935年7月10日、それまでコンソリデーテッド社で販売部長職にあったローレンス・D・ベルは、同社のカリフォルニア州への移転を機に退社し、有志2名とともに50万ドルの資本金をもとにベル航空機株式会社を創立した。

同社の処女作であるXFM-1双発戦闘機は不採用に終わったが、2作目のP-39単発戦闘機が成功作となり、総計1万機近い生産数を受注して会社経営の基盤を確立。その改良版であるP-63も3,300機余の多くがつくられ、一躍陸軍機主要メーカーのひとつになった。

その後、アメリカ陸軍最初のジェット戦闘機P-59、さらには発展型のXP-83を開発したものの、設計的には凡庸で、前者は練習機として限定50機生産にとどまり、後者は性能不足を理由に不採用となった。

戦後、ベル社は固定翼機の開発から退いてヘリコプター専門に転じ、その主要メーカーとして発展するが、創業者ベルは1952年に死去した。

●ボーイング飛行機会社

現在でも、アメリカ民間旅客機の最大手メーカーとして君臨するボーイング社は、戦前から大戦期、さらには戦後にかけてレシプロ/ジェット大型爆撃機メーカーの盟主として知られた存在だ。

その会社創立は古く、1916年7月にワシントン州シアトルで社員21名を擁して発足した、パシフィック・エアロ・プロダクツ会社が前身。翌1917年に社名をボーイング・エアプレーン・カンパニーと改め、以来今日（こんにち）のザ・ボーイング・カンパニーまで連綿とした歴史を誇る。

創業者のウィリアム・E・ボーイングは自らがパイロットでもあり、1920年代から1930年代前半にかけては、単発戦闘機中心の開発で、陸海軍の信任を得、PW-9/FB-1、F4B/P-12、P-26などの成功作を送り出した。

この間、民間旅客機開発にも力を注ぎ、1933年には双発エア・ライナーの革新機と称賛された、モデル247を初飛行させている。

航空輸送業にも手を広げていた持株会社UATCの一員だったボーイング社は、1934年9月にUATCが解体されたのに機に、創業者のウィリアム・E・ボーイングも会長を辞任し、業界から退いた。

新たに社長に就任したクレア・エグヴェットのもと、新生ボーイングは中心事業を大型機に絞り、1935年にB-17、1942年にはB-29という革新的な四発爆撃機を生み出し、他社の下請生産を含めてそれぞれ12,700機余、3,900機余もつくられ、この分野における揺るぎない地位を確立した。

大戦後のジェット時代になってもB-47、B-52とたて続けに傑作機を生み出し、B-52に至っては

→1941年、B-17Bの大量生産が始まった前後の、ボーイング社シアトル工場の全景。その後、B-29の量産工場としてレントン、およびカンザス州ウィチタに新工場が建設された。

原型機の初飛行（1952年4月）から実に70年以上過ぎた今日（2024年）でもまだ約70機が現役にあるという凄さだ。

一方で民間エア・ライナー分野でも数多くのベストセラーを生み出し、この分野の盟主として君臨し続けている。

●カーチス・ライト株式会社

アメリカの航空揺籃期に、パイオニアであるライト兄弟と鎬を削り、事業者としての勝利者となったのがグレン・H・カーチスである。機体設計製造だけではなくエンジンの開発、生産も行なったので、1910年12月の創立当初の社名はカーチス飛行機＆エンジン株式会社だった。

第一次大戦期にはモデルJS（愛称ジェニー）という傑作練習機を生み出し、9つの工場で5,000機余もの機体、エンジンを受注・生産して会社基盤を確立した。

この勢いで、1920〜1930年代なかばにかけての複葉形態全盛期には、陸、海軍双方から戦闘機、攻撃機、爆撃機、観測機など各機種の生産を受注し、アメリカ随一の規模を誇る大メーカーにのし上がった。

時代が全金属製単葉引込脚形態に移ってからも、陸軍にはP-36、P-40戦闘機、海軍にはSB2C艦爆が採用されて面目を保った。しかし、P-40、SB2Cの後継機を含めた第二次大戦中の各種試作機が、ことごとく精彩を欠く設計で不採用となり、社運は急速に傾いた。

戦後、ジェット時代となるとカーチス社は最後の望みを託し、双発大型夜間（全天候）戦闘機XF-87を試作して競争審査に臨んだが、ノースロップ社のF-89に敗れて不採用。このときの投資が重荷となり、1957年に航空機部門をノースアメリカンに売却。かつての名門カーチスの社名は航空業界から消えた。

●コンソリデーテッド航空機株式会社

1923年5月、それまでギャローデット航空機株式会社の副社長兼管理職を務めていたルーベン・

↑1943年3月、P-40L、およびP-40Nを量産中のカーチス・ライト社バッファロー工場（ニューヨーク州）。

フリートは、退社して自らの会社コンソリデーテッド航空機株式会社を創立した。

最初に手掛けた、旧デイトン・ライト社の原設計である、TW-3複葉初歩練習機のリメイク版PT-1が当局に採用され、その後10年の長きにわたり、発展型のO-17に至る各型あわせて計735機も生産受注を得て、会社経営の基盤を確立した。

その後、第二次大戦期にかけて海軍のP2Y、PBY、PB2Yと続く一連の飛行艇、陸軍のB-24四発爆撃機とその海軍版PB4Yを次々に送り出し、アメリカ三要航空機メーカーの一翼を担った。太平洋戦争が勃発した1941年12月から、それが終結した1945年8月の間に、コ社が生産した各種機の合計は28,029機にも達した。

1943年3月、バルティー社と合併して社名をコンソリデーテッド・バルティー（略称コンベア）と改め、戦後にかけてB-36六発爆撃機、さらにジェット時代になるとF-102、F-106、B-58と一連のデルタ翼形態の成功作を生み出し、存在感を示すことになる。

●ダグラス航空機会社

1892年4月6日、ニューヨーク市ブルックリン地区に生まれたドナルド・W・ダグラスは、アメリカの航空機事業者草分けの1人であり、著名なマサチューセッツ理工科大学で航空技術を学び、グレン・マーチン会社で主任技師として実践的な仕事を経験したのち、1921年7月にダグラス航空機会社を創立した。

その会社創立準備と並行して進めていた、海軍向けの雷・爆撃機DT-1/DT-2が採用され、幸先よいスタートを切った。これで、当局の信任を得たダグラス社は、T2D、RD、TBD、SBDと一連の海軍制式機を送り出す一方、陸軍からも観測機O-2、O-46などを生産受注し、アメリカ有数の航空機メーカーに成長した。

そして、ダグラス社の名を一躍世界的に知らしめたのが、DC-1に始まった双発民間旅客機シリーズ。その3作目DC-3は1940年までに輸出分100機を含め500機近くが就航し、大戦中はその軍用輸送機型C-47と海軍向けのR4Dを合わせ、実に1万機以上がつくられた

また大戦中はA-20、A-26両攻撃機、さらには四発大型輸送機C-54も多数つくられ、1940年7月から戦後の1946年8月までの間に、ダグラス社が生産した各種機は、実に30,980機にも達した。

戦後もA-1、A-4、C-124、C-133、さらにはDC-6、DC-7、DC-8など、レシプロ、ジェットの軍用、民間傑作機を次々と生み出して発展した

ダグラス社だが、1967年4月、マクドネル社と合併してマクドネル・ダグラス株式会社となった。

●ロッキード航空機株式会社

今日、ロッキード・マーチンの社名で航空/宇宙産業界に君臨する旧ロッキード社は、1889年1月カリフォルニア州生まれのアラン・H・ロウヒード が1916年に創立したロウヒード航空機製造会社が前身。しかし経営は上手くいかず、1921年、1931年に2度も倒産の憂き目にあった。

それでもしぶとく、1932年6月に改めてロッキード 航空機株式会社の名称で三度目のスタートを切った執念が運気を呼んだのか、のちに奇才と称されるクラレンス・L・ジョンソン技師が手掛けた民間旅客機「エレクトラ」の成功で会社基盤が確立。さらに1937年、陸軍の「X-608」計画に応じて設計した双発戦闘機「モデル22」案が採用され、P-38として最終的に1万機近い生産数を記録し、ロ社は一躍アメリカ有数の軍用機メーカーに成長する。

大戦中に開発されたP-80ジェット戦闘機、およびC-69四発輸送機から転じたL-749、L-1049も、それぞれ空軍および民間エア・ライナー界で主力となり、ロッキード社の地位は揺るぎないものとなった。

その後も、F-104、SR-71、C-130、F-117、F-22、F-35など、時代の先端をゆく傑作機、革新機を生み出し、1995年にはマーチン社と合併、

→カリフォルニア州ロサンゼルス郊外のサンタモニカ地区に所在した、ダグラス社サンタモニカ工場。

今日に至っている。

●グレン・L・マーチン会社

1917年末に創立されたマーチン社は、処女作のMB-1/T-1、その発展型MB-2/NBS-1、さらにはB-10、B-26と第二次大戦期に至るまで、陸軍向けには双発爆撃機、海軍向けには飛行艇を主な開発機種として成長してきたメーカーとして知られる。

しかし、B-26以降は陸軍向けの自社開発機を採用される機会がなく、B-29の下請生産契約も大戦終結によりキャンセルされ、戦後のジェット時代になって、イギリスのE.E.キャンベラ双発爆撃機をB-57の名称でライセンス生産した。その後はミサイル開発などに転じ、1995年ロッキード社と合併してロッキード・マーチン社となった。

●ノースアメリカン航空会社

のちに不世出の名戦闘機、P-51マスタングを生み出すことになるノースアメリカン航空会社——North American Aviation Inc.——は、1928年12月の創立時は投資家グループの持ち株会社で、航空関係企業への投資を本業とし航空機開発、生産には携わっていなかった。

それが変化したのは、1933年にゼネラル・モータースが株の大部分を取得し、ダグラス社の主任設計技師ジェームス・H・キンデルバーガーを社長に迎えてからである。

最初に手掛けたのは、社内名称NA-16と称した基本練習機で、これが陸軍にBT-9/-14として採用され、さらにNA-25と称した観測機がO-47、NA-26からNA-59に至る各機がBC-1,-2/AT-6

↑1944年、P-51Dを量産中のノースアメリカン社イングルウッド工場（カリフォルニア州ロサンゼルス）

練習機として採用され、後者がのちに1万機以上生産のベスト・セラー機になることで、ノースアメリカン社の経営基盤は盤石なものとなった。

そして双発爆撃機B-25、P-51とたて続けに傑作機を送り出し、主要陸軍機メーカーとして不動の地位を築き上げる。

戦後のジェット時代になってからも、F-86、F-100両傑作戦闘機を生み出したが、1964年9月に初飛行した意欲作、マッハ3の超音速爆撃機XB-70の開発中止を最後に不振となり、1967年、ロックウェル社と合併してノースアメリカン・ロックウェル株式会社となった。1970年に開発受注したB-1の主契約メーカー名はロックウェル・インターナショナルとなっていて、栄光あるノースアメリカンの名称は消えていた。

↑カリフォルニア州ロサンゼルス市郊外のバーバンク地区に所在した、ロッキード社バーバンク工場の1930年代はじめ頃の光景。右から2機目と左端機が、一世を風靡した民間高速旅客機「ベガ」。

●ノースロップ航空機会社

　全翼形態機の実現に執念を燃やしたことでも有名な、ノースロップ社の社長ジョン・K・ノースロップは1895年11月10日ニュージャージー州ニューアークに生まれ、1916年に創立されたばかりのロウヒード航空機製造会社に入社。製図技術者として航空機開発に関わった。

　その後、ダグラス社、ロッキード社と転職を繰り返したのち、1929年にノースロップ航空機会社を創立。郵便機「ガンマ」、陸軍向けA-17/A-33などの成功で経営基盤を築いた。

　1938年、会社の筆頭株主でもあったダグラス社の拡張策により、吸収合併を余儀なくされたが、ノースロップはこれを由とせず退社。翌1939年8月カリフォルニア州ホーソーンにて新生ノースロップ航空機会社を創立した。

　大戦中は陸軍最初の本格的夜間戦闘機P-61の開発、生産と並行し、ノースロップ悲願の全翼形態爆撃機XB-35の実現にも全力を注いだ。

　あいにく、XB-35と戦後に試作したそのジェット版XB-49は当時の技術力では手に余り、不採用となった。

　しかしノースロップは空軍向けにF-89、T-38、F-5と通常形態のジェット制式機を送り出し、その傍らで全翼形態機の研究を継続。1989年に初飛行させた四発ステルス爆撃機B-2により、60年越しの悲願を叶える。

　B-2は現在世界唯一の全翼形態爆撃機として就役しているが(2024年現在、同社が開発したB-21全翼爆撃機が試験中)、この間、ノースロップはグラマン社と合併し、ノースロップ・グラマンという社名に変わっている。

●リパブリック航空機株式会社

　2人の亡命ロシア人、アレクサンダー・セバスキーとアレクサンダー・カルトベリにより、1931年に創立されたセバスキー航空機株式会社は、5年後の1936年6月、陸軍向けの戦闘機SEV-7がP-35の名称で採用されて経営が軌道にのった。

　そして1939年に、排気タービン過給器を備える高々度戦闘機「AP-4」がP-43の名称で採用されると、戦闘機メーカーとしての基盤も固まり、そのP-43の拡大版と言えるP-47が、大戦期を通して計15,683機という、アメリカ戦闘機史上最多の生産数を記録する。この間、1939年10月の組織変更により、リパブリック航空機株式会社と社名も改めた。

　戦後のジェット時代になっても、リ社はF-84、F-105と傑作機を送り出し貫禄を示したが、1965年9月30日、財務危機を理由に業務はフェアチャイルド・ヒラー社に引き継がれ、その一部門となり独自の航空機開発から退いた。

→1942年、P-47Bを量産中のリパブリック社ファーミングデール工場(ニューヨーク州ロングアイランドに所在)。P-47は、この他にインディアナ州エヴァンスビルの工場でも量産された。

アメリカの主要航空エンジン

第二次世界大戦が終結したとき、アメリカが世界最強の"空軍力"を持っていたことを認めない人はいなかった。それは、単に圧倒的な数量だけではなく、個々の機体の設計技術、性能、さらにはそれらを効果的に運用する戦術など、ハード、ソフト両面において、比肩し得る存在がないということであった。

そして、個々の機体の高性能を引き出した源、それが大、中、小いずれの出力クラスにも、実用性に優れるエンジンが揃っていたことであった。軍用機の性能は、搭載したエンジンの良否により、だいたいのレベルが決まってしまう。いかに機体設計が優秀であろうと、良いエンジンに恵まれなければ成功はおぼつかない。

太平洋戦争末期、信頼性の高い2,000hp級エンジンが造れず、実用、あるいは試作した新型戦闘機が、おしなべて不調、不振をかこった日本陸海軍航空界は、その典型的な例であろう。

アメリカは、ことレシプロエンジンに限り、そのようなこととは無縁であった。ただ、漠然としたイメージとして、アメリカは実用エンジンの種類も、さぞ豊富だったのだろうと思いがちだが、実はそうでもないのだ。

第一線軍用機が搭載した、1,000hp級以上の高出力エンジンを見ても、液冷はアリソン社のV-1710系のみ。P-51が搭載したイギリス"原産"のマーリンに、パッカード社によるライセンス生産品でまかなったが、そのV-1650は、P-40の一部とP-51以外には使われていない。

空冷は、もうP&W（プラット＆ホイットニー）社とライト社の2社に限られたといってよく、液冷を敬遠した海軍の第一線機は、すべてこの2社のいずれかのエンジンを搭載した。要するに、アメリカはエンジンの種類は最小限に絞り込み、それぞれを重点的に大量生産するという方針を徹底したのだ。日本のように、資源に恵まれない割に、やたらと数多くのエンジンをそろえ、陸、海軍がエゴをむき出しにして、節操なくメーカーに試作させたのとは好対照で、航空行政の合理化という面でも日本軍は負けていた。

以下、第一線軍用機以外の中、小出力エンジンまで含めるほどの紙数もないので、1,000hp級以上の主要型式に絞り、概略を紹介する程度にとどめたい。

まずはアメリカの航空エンジンの型式名称基準について簡単に触れておきたい。例えば、ライト

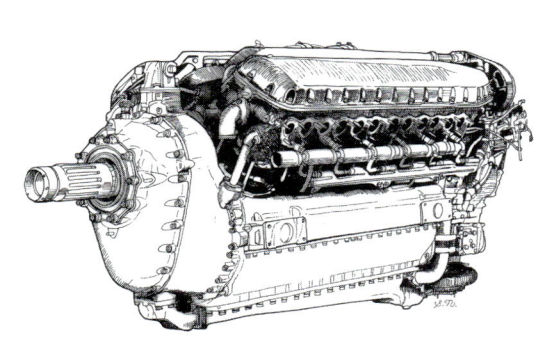

アリソン V-1710液冷V型12気筒

P&W R-1830空冷星型複列14気筒

社のR-2600-23という名称は、最初のRが空冷星型を示す。これが"V"なら液冷V型、"O"なら同水平対向、"H"なら同水平対向H型、"L"なら直列型、"IV"なら倒立V型を表わす。

2600は、排気量を表わしており、単位は立方インチだが、厳密に真の排気量というわけではなく、5立方インチ刻みに四捨五入してある。そのうしろのハイフンを介した数字は、マイナー・チェンジ、あるいは陸軍、海軍向けの違いを表わしており、奇数なら前者、偶数なら後者を示す。

●アリソン V-1710

大戦中に実用された、唯一の純アメリカ製高出力液冷エンジン。V型12気筒、シリンダー内径139.7mm、行程152.4mm、排気量28ℓ、圧縮比は各サブ・タイプを通して6.65。本体は、アルミ合金製の一体鋳造クランクケースに、鋼製シリンダー、スパー減速歯車という組み合わせで、冷却液には水を使わず、エチレングリコール液を使用した。

1930年6月に出現した最初の生産型、V-1710-Aは1,000hpであったが、改良を重ねるごとに段階的にパワー・アップしてゆき、P-40Dが搭載したV-1710-39は1,150hp、P-38Fが搭載したV-1710-49/-53は1,325hp、P-38Jが搭載したV-1710-89/-91は1,425hpという具合で、P-82Eが搭載した最終型に近いV-1710-143/-145では、

1,600hpにまで達していた。

一段一速式過給器のせいもあって高空性能が低く、P-39、P-40の搭載エンジンというイメージも重なり、日本ではアリソンエンジンの評価はいまひとつパッとしないが、アメリカ陸軍戦闘機にとっては、欠くべからざる存在で、大戦中の功績は偉大なものがある。なお、V-1710系の総生産台数は約47,000台とされており、ハンパな量ではない。

ちなみに、V-3420は、1710の2倍という数字からも察しがつくように、V-1710を2基左右に結合した双子型エンジンであったが、XB-19、XB-39、XP-58、XP-75の試作機に搭載されたのみで、実用には至らなかった。

●P&W R-1830

ライト社のR-1820と市場を二分した1,000hp級エンジン。R-1820が、筒径の大きいシリンダーにして単列9気筒を採ったのに対し、R-1830は、1本のシリンダーを内径、行程ともに139.5mmの小さなものにし、複列14気筒を採っていたことが対照的であった。

排気量30ℓ、圧縮比6.7、本体直径1,222mm、乾燥重量662kg、出力は、各サブ・タイプを通して1,200hp（離昇出力）。B-24/PB2Y/PB4Y、およびC-47輸送機が搭載した。

P&W R-2800"ダブルワスプ"
空冷星型複列18気筒

P&W R-4360"ワスプメジャー"
空冷星型4列28気筒

●P&W R-2800

"ダブルワスプ"の通称名で知られる、2,000hp級空冷エンジンの代表格。陸軍機では、P-47戦闘機、P-61戦闘機、B-26爆撃機、A-26攻撃機、C-46輸送機、海軍機ではF6F、F4U、F7F、F8Fの各戦闘機が搭載した。その顔ぶれを見ただけでも、大戦後半のアメリカ主力エンジンだったということが分かる。

内径146mm、行程152.4mmのシリンダーを複列18気筒とし、排気量45.9ℓで、1,800〜2,100hp

ライトR-1820"サイクロン9"
空冷星型9気筒

ライト R-2600"サイクロン14"
空冷星型複列14気筒

を発揮した。後期のサブ・タイプは水噴射を使用し、最大2,−00hpまでパワー・アップした。本体直径1,342mm、乾燥重量1,072kg。

●P&W R-4360

"ワスプ・ジャー"の通称名をもつ、大戦中につくられた世界最大出力の空冷エンジン。R-2800と同じ内径・行程のシリンダーを、7本ずつ4列に配し、後方にいくにつれて配列を少しずつズラし、冷却風が各シリンダーに、まんべんなく当たるように工夫してあるのが特徴。

総排気量は71.5ℓにも達し、本体直径1,372mm、乾燥重量1,584kg、離昇出力3,000hpというビッグ・エンジンで、こんな怪物のようなエンジンが、すでに19−2年6月には軍の審査をパスしていたというのであるから、当時の日本の空冷エンジン開発などに、残念ながらアメリカに比べるとお話にならぬぐらい遅れていたことがわかる。

もっとも、R-4360を搭載予定にして開発されていた、陸軍のXB-35、XB-36、XB-44(のちのB-50)、XP-72、海軍のXBTC-2、XTB2D-1、XF8B-1も、いずれも大戦に間に合わず、実戦において、その威力を示す機会はなかった。

●ライト R-1820

"サイクロン9"の通称名をもつ本エンジンは、前述のP&W R-1830とアメリカの1,000hp級空

ライト R-3350"サイクロン18"
空冷星型複列18気筒

冷エンジン市場を二分した主力型で、内径155.6mm、行程174mmのやや大きめのシリンダーを単列9本に配していた点が、R-1830と対照的だった。

排気量は29.88ℓ、圧縮比6.55、本体重量605kgで、シリンダー当たりの冷却フィン面積を広く採り、初期のR-1820-39では850hpにすぎなかった出力を、R-1820-51で1,000hp、R-1820-97で1,200hpと段階的にアップしてゆき、1950年代に入ってもなお生産が続けられていた後期型のR-1820-82に至っては、実に1,525hpと、当初の2倍近い値までパワーアップし、海軍のS2F対潜機などに搭載されていた。

R-1820系を最も多く搭載したのはB-17で、少なくとも各型合わせて約5万台、次いで海軍のSBD艦爆の約5,900台、FM-2の約4,700台と続く。生産台数と使用期間の長さでは、文句なしにアメリカNo.1の1,000hp級空冷エンジンであった。

●ライト R-2600

"サイクロン14"の通称名からも分かるように、本エンジンは、R-1820と同じ内径のシリンダー（行程はやや小さく160.2mm）を、7本ずつ複列に配した14気筒で、排気量は42.7ℓ、圧縮比6.3、本体重量885kgであった。

1936年9月に早くも試運転に成功し、1,700hpクラスの大型単発機、双発機用エンジンとして重宝された。陸軍機ではA-20、B-25の搭載エンジンとして知られ、海軍ではSB2C艦爆、TBF艦攻、PBM飛行艇などが搭載した。

出力の割に、サイズ、重量が大きく、空力的な面で、日本の同出力エンジンに比べて不利だったが、絶対的な信頼性と、数量がそれを補って余りあった。

●ライト R-3350

"サイクロン18"の通称名で呼ばれたR-3350は、B-29用エンジンとしてつとに有名である。その設計は1936年1月に始まり、翌1937年5月には試運転にこぎつけるというスピード開発だった。しかし、2,200hpクラスという高出力ゆえに、混合気の分配不均等、バックファイア、火災の頻発など、実用化までに多くのトラブル克服を要し、技術者たちの血のにじむような努力の末、どうにか実用の目途がたったのは1943年末ごろであった。おそらく、アメリカ以外の国であれば、とうに実用化は放棄されていたであろう。

R-3350のシリンダー内径、行程はR-2600と同じであり、いわば同エンジンの複列18気筒化といってよかった。排気量は54.56ℓ、圧縮比6.85、本体乾燥重量1,212kg、使用燃料のオクタン価は100/130。B-29の場合は、本エンジンにゼネラル・エレクトリック製B-22型排気タービン過給器を各2個ずつ配置し、高度な過給を実現した。

R-3350は、B-32にも搭載されたほか、戦後は、海軍ADスカイレーダー攻撃機、民間旅客機L-649、L-749コンステレーションにも搭載され、最後のレシプロエンジンのひとつとして、長期間活躍した。

ライト R-3350エンジン 本体部品構成図

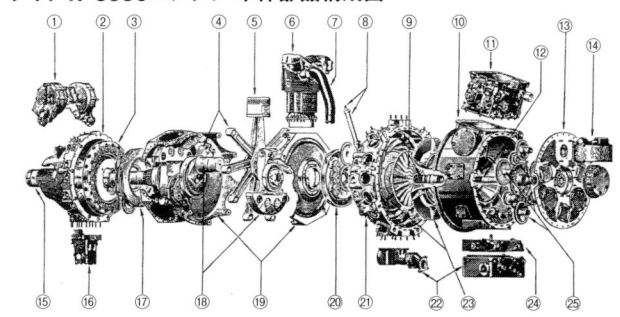

①プロペラ調速器&配電器　②前部クランク室　③減速歯車室　④副接合棒　⑤ピストン&主接合棒　⑥後列シリンダー　⑦吸気管　⑧プッシュ・ロッド覆管　⑨翼車&翼車軸　⑩過給器後方室　⑪気化器　⑫エンジン始動軸　⑬過給器後部覆　⑭マグネトー（磁石発電機）　⑮プロペラ取付軸　⑯オイル・ポンプ&オイル溜　⑰前部カム&カム作動器　⑱クランク軸　⑲主クランク室　⑳後部カム&カム作動器　㉑過給器前方室　㉒後方オイル溜　㉓混合気拡散器&覆板　㉔後部オイル・ポンプ　㉕補器類作動歯車

アメリカ陸軍機の射撃兵装

開拓時代を描いた西部劇の映画に登場するカウボーイが、勇ましくピストルやライフル銃を放つシーンでもわかるように、アメリカはこと銃・火器開発には長けていた。

その銃・火器メーカーの老舗がコルト・ブローニング社で、航空機用機関銃もすでに第一次世界大戦期に生産を始めていた。その最初の製品は、油圧装填式の「マーリン」と称する口径.30in（0.3インチ/7.62mm）の固定、および施回機銃だった。

このマーリンに続き1920年代に入って実用化されたのが、同じ口径の「M2」と呼称された型。全長101cm、重量9.8〜10.4kgでベルト給弾式、初速810m/秒、発射速度1,200発/分、装填方式は後座式だった。

このM2は、1930年代前半まで戦闘機の固定機銃、複座以上の多座機については同年代末頃まで旋回防御機銃の主力として使われたが、防弾装備を施した敵機に対しては威力不足となり、それ以降は.50in（12.7mm）口径のM2にとって代わられた。

◆　　　　◆

.30in口径に代わり、1930年代なかば頃より、まず戦闘機の固定用機銃として装備されたのが、同じコルト・ブローニング社の.50in口径（0.5インチ/12.7mm）「M2」である。

いわば.30in「M2」の口径拡大版と言ってよく、全長145cm、重量29kgでベルト給弾式、初速883.9m/秒、発射速度750〜850発/分、装填方式は後座式。むろん、固定式のみならず多座機の防御用旋回機銃としても広範に使われた。

アメリカは軍用銃・火器の合理的運用という点では徹底しており、この.50in「M2」は陸海軍を問わず、航空機、陸戦車輌、艦船（対空火器として）などあらゆる兵器に装備された。

のちの第二次世界大戦期には、イギリス、ドイツ、日本などが口径20mm以上の機関砲装備に力を注いだが、アメリカは航空機用射撃兵装は「M2」を主力にすることで通した。

むろん、弾丸1発あたりの炸薬量は20mm以上のそれに比べて少なく、命中したときの破壊力という点では確かに劣る。

しかし、「M2」は初速、発射速度、弾道（直進）性などが優れており、1銃あたりの携行弾数もきわめて多く、米陸海軍戦闘機が標準にした1機につき6挺装備の携行弾数は、合計2,000発前後にも達した。

この6挺による一斉射撃を遠距離からシャワーのように浴びせられると被弾率も高く、防弾装備の脆弱な日本機などはひとたまりもなく爆発、あるいは発火炎上して墜落した。

戦闘機以外のA-20、A-26双発攻撃機も、機首を密閉化してM2を4〜6挺、さらに地上攻撃任務に特化した双発爆撃機B-25Jに至っては機首内部に8挺、同左右外部に4挺、あわせて12挺!!も装備した。その一斉射撃による破壊力は凄まじく、なまじの20mm、30mm口径機関砲を凌いだ。

因みにこのM2の改良型として発射速度を1,200発/分に大幅向上させた「M3」は、戦後のF-80、F-84F、F-86などのジェット戦闘機の主

コルト・ブローニング.30口径機関銃

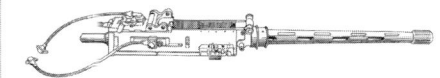

アメリカ最初の航空機載用機関銃「マーリン」に続き、1920年代に入って実用され始めたコルト・ブローニング社製の.30口径機銃。図はイギリスがライセンス生産したものを示す。

複座機以上の防御用旋回機銃として用いられたコルト・ブローニング.30口径機銃。銃本体尾部に射手が両手で握るグリップが付いている。写真は海軍SBD艦爆のものだが、陸軍機も基本的に同じ。

力火器となり、1950年に勃発した朝鮮戦争でも威力を発揮した。

◆　　　　　◆

前述したように、第二次世界大戦期のアメリカ陸海軍機の射撃兵装はほぼ「M2」に集約された形だが、むろんそれ以上の口径の機関砲がまったく使われなかった訳ではない。

陸軍戦闘機では、P-38が中央ナセルの前方内部に、4挺の「M2」に囲まれる形で口径20mmの「AN/M2」機関砲1門を装備した他、地上攻撃/偵察機と位置付けされていたP-51の初期生産型「アパッチ」が、左右主翼内に2門ずつ装備した。

本砲は、当時航空機用20mm機関砲の開発を行なっていなかったアメリカが、イギリス製イスパノスイザMk.Ⅱ（HS-404）というタイプを、「AN/M2」の名称でライセンス生産したものだった。

全長238cm、重量51kg、ベルト給弾式だが、携行弾数はドラム式のため60発と少ない。装填は発射ガス方式で、初速878m/秒、発射速度650発/分。

P-38、P-51の他、XP-56、XP-81など大戦中の試作戦闘機、P-61夜間戦闘機、さらにはB-29の尾部防御兵装としても装備された。しかし、携行弾数の少なさや、給弾装置に故障が多いこと、

.50in M2との併用では弾道性の違いがネックなどの理由で、主力火器とはならなかった。B-29の場合は量産途中で撤去されている。

◆　　　　　◆

P-39/P-63のプロペラ軸内発射機関砲として知られた、オールズモビル製の「M4」（旧称「T9」）37mm機関砲は、ブローニング式長後座メカニズムを採用しており、その破壊力はAN/M2 20mm機関砲をはるかに凌いだ。

しかし全長226cm、重量96kgという大サイズ、重量は戦闘機用としては適さず、P-39の飛行性能低下の要因となり、ソビエトに供与された機体が地上攻撃に有効と称賛された程度の評価にとどまった。因みに発射速度は140発/分と低く、携行弾数はわずか15発（改良型のM4では30発に増加）にすぎなかった。

◆　　　　　◆

B-25G/Hが装備した口径75mmのM4およびM5は、アメリカの航空機用射撃兵装としては最大のものだが、当初からそれ専用に開発された砲ではなく、もとは「M4」シャーマン戦車の「M3」と称した主砲を、航空機載用に改造したもの。

全長300cm、重量405kgの巨大な砲で、その破壊力も凄まじかったが、携行弾数がわずか20発

コルト・ブローニング「M2」.50口径（12.7mm）機関銃

P-51Dの「M2」機関銃収納部詳細図
（左主翼を示す）

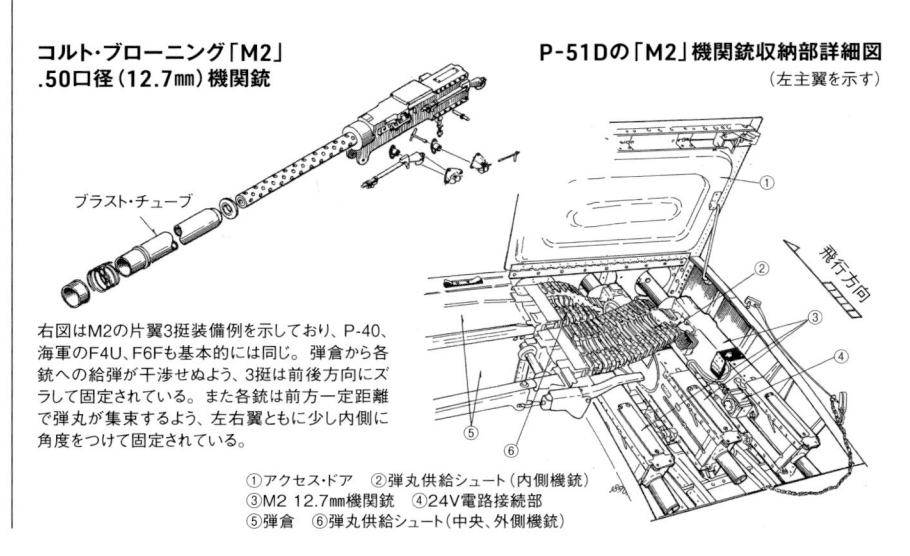

ブラスト・チューブ

右図はM2の片翼3挺装備例を示しており、P-40、海軍のF4U、F6Fも基本的には同じ。弾倉から各銃への給弾が干渉せぬよう、3挺は前後方向にズラして固定されている。また各銃は前方一定距離で弾丸が集束するよう、左右主翼ともに少し内側に角度をつけて固定されている。

飛行方向

①アクセス・ドア　②弾丸供給シュート（内側機銃）
③M2 12.7mm機関銃　④24V電路接続部
⑤弾倉　⑥弾丸供給シュート（中央、外側機銃）

N-3C 光像式射撃照準器

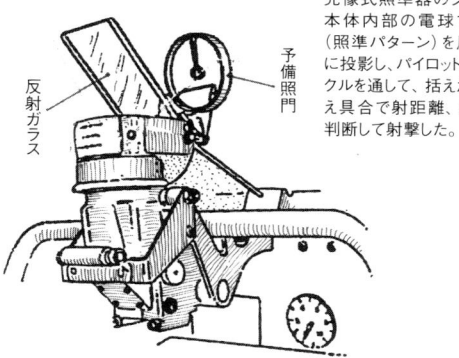

予備照門
反射ガラス

光像式照準器のシステムは、本体内部の電球でレチクル（照準パターン）を反射ガラスに投影し、パイロットはこのレチクルを通して、括えた目標の見え具合で射距離、射角などを判断して射撃した。

N-9 光像式射撃照準器

反射ガラス
予備照門
レンズ
顔面保護パッド

K-14A射撃照準器システム（P-51D）

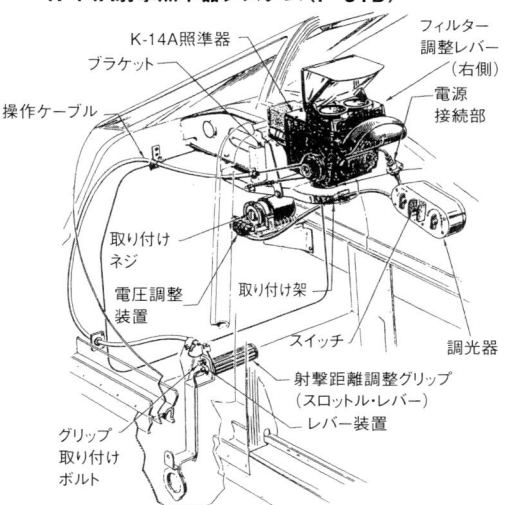

K-14A照準器
フィルター調整レバー（右側）
ブラケット
電源接続部
操作ケーブル
取り付けネジ
電圧調整装置
取り付け架
スイッチ
調光器
射撃距離調整グリップ（スロットル・レバー）
グリップ取り付けボルト
レバー装置

K-14も基本的には光像式照準器で、本体上部の反射ガラスにレチクルを投影し、その中に目標を据える。従来までの光像式と異なるのは、サークル状に投影される6個の菱形レチクルの直径を、スロットル・レバーのグリップを回転させて目標の主翼幅に合致させると、ジャイロ・コンピューターが自動的に射撃角を算出して、自機を目標の未来位置に指向させる。これで機銃を発射すれば高確率で命中するという訳だ。その有効範囲（目標との射距離）は200〜800ヤード（183〜732m）の間だった。

下のイラスト2点は、陸軍航空軍がK-14のマニュアルに掲載して、従来までの光像式照準器（上）との違いを示したもので、パイロットの勘に頼っていた目標の未来位置把握が、K-14なら新米パイロットでも容易にできることを示唆している。

K-14詳細図

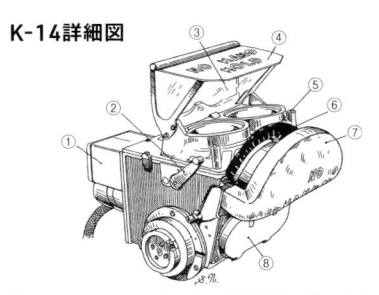

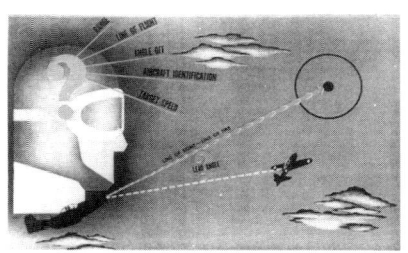

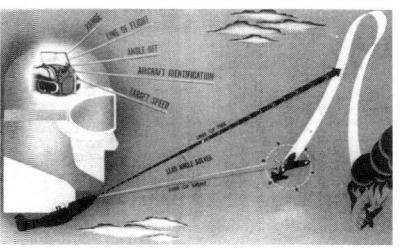

①ジャイロ・モーター　②照準調整用滑車　③反射ガラス
④バイザー（日除け）　⑤目標敵機の主翼幅ダイヤル
⑥ダイヤル・ノブ　⑦顔面保護パッド　⑧光源（ランプ）カバー

B-25Hの機首に装備された M2 4連装機銃

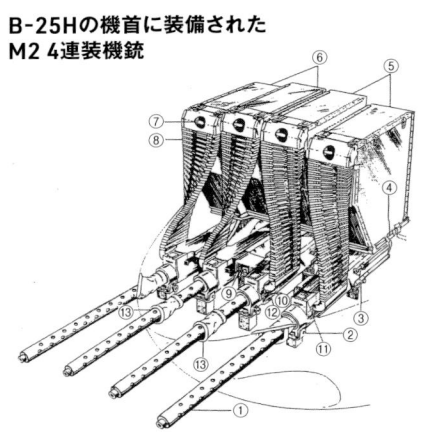

①M2（12.7mm）機銃　②前部取り付けピン
③A-4型射撃照準器取り付け部　④発射ソレノイド
⑤弾倉　⑥弾倉　⑦給弾用ローラー　⑧弾帯
⑨内側空薬莢放出カバー　⑩外側空薬莢放出カバー
⑪装填スライド　⑫装填プーリー　⑬機銃カバー

AN/M2 "C" 20mm機関砲

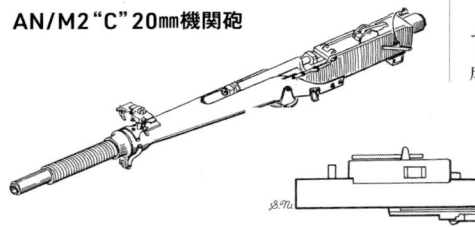

アメリカ空軍博物館に展示されている、P-39のプロペラ軸内発射砲「M4」37mm機関砲と、これを装備するために延長軸を用い、その先に減速歯車室を介して取り付けたプロペラの構成を示す実物モデル。画面左上の半ドーナツ状のパーツが37mm弾倉。

と少なく、一度の射撃コース進入に際し、4発を発射するのが精一杯という使い勝手の悪さもあり、主な配備先となった太平洋戦域では有効兵器となり得なかった。

なお、B-25Hが搭載した改良型の「M5」（T-13E1）は、重量がM4の半分以下の184kgに軽減されたが、実戦での有効性はB-25Gとさほど変わらなかった。

◆　　　◆

これまでに紹介した各種射撃兵装のうち、固定装備用の照準器は、戦前までが筒型の望遠鏡式、大戦中は光像式という、他国と同様の推移だった。

光像式は、戦闘機用に限れば陸軍、海軍とも本体はほぼ共用で、細部が少し異なるのみであった。陸軍のP-51を例にすれば、大戦前期はN-3、中・後期はN-9、末期にK-14というのが大ざっぱな推移。

特筆すべきは末期に導入したK-14で、それまで熟練パイロットの技とされた「見越し射撃」の成功率を、ジャイロ・コンピューティング方式に

オールズモビル M4 37mm機関砲

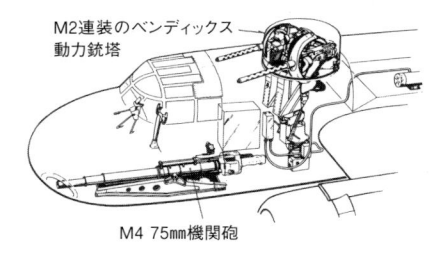

B-25Hの射撃兵装（機首内部のM2は省略）

M2連装のベンディックス
動力銃塔

M4 75mm機関砲

M4 75mm機関砲

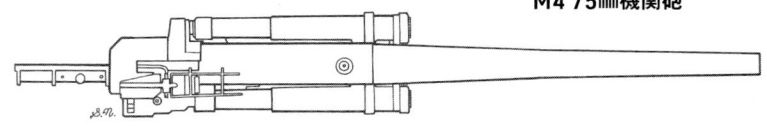

B-24Jを例にした四発大型爆撃機の爆撃兵装、および防御射撃兵装

①機首M2連装銃塔　②爆撃照準器（ノルデン）取り付け部
③爆弾投下器　④爆弾投下器　⑤爆弾投下索　⑥防弾鋼鈑
⑦上部M2連装銃塔　⑧爆弾懸吊架（900kg用）
⑨爆弾懸吊架（45kg〜454kg用）　⑩爆弾投下索
⑪下部M2連装球型銃塔　⑫爆弾懸吊器
⑬胴体後部左右側面M2機銃
⑭M2機銃積み込み架設
⑮尾部M2連装銃塔

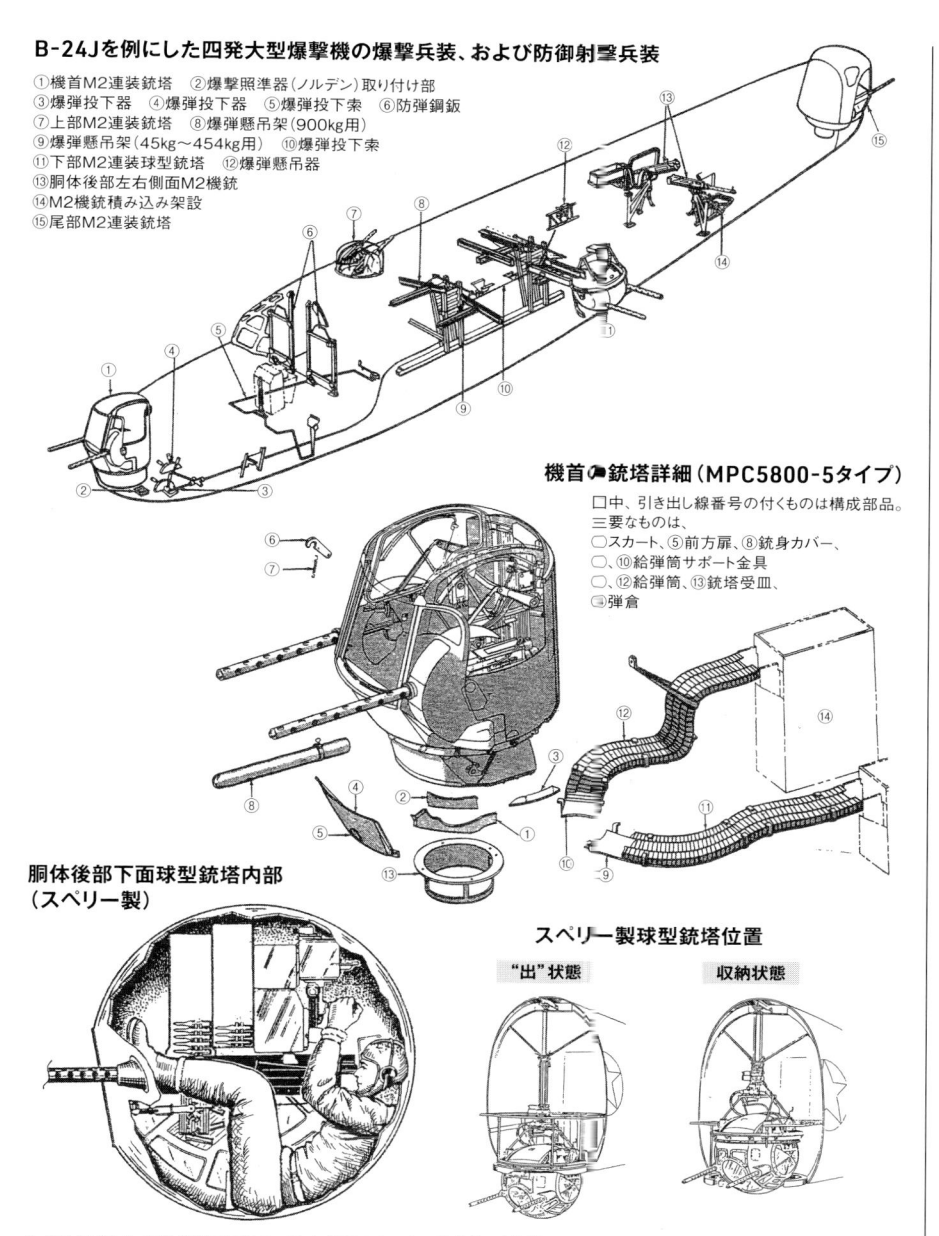

機首🔾銃塔詳細（MPC5800-5タイプ）

◻中、引き出し線番号の付くものは構成部品。
主要なものは、
◯スカート、⑤前方扉、⑧銃身カバー、
◯、⑩給弾筒サポート金具
◯、⑫給弾筒、⑬銃塔受皿、
◻弾倉

胴体後部下面球型銃塔内部
（スペリー製）

スペリー製球型銃塔位置

"出"状態　　**収納状態**

B-17も装備した、胴体後部下面のスペリー社製球型銃塔は、とかく、迎撃戦闘機の攻撃に対して死角になりやすい後下方エリアの防御力を高めるうえで、非常に効果のある火器ではあった。しかし、この小さな丸い銃塔の中に入って、機銃を撃つ　銃手にとっては、精神的、肉体的の面からも、きわめてつらいポジションであった。それは、上図の内部構成を見てもらえば一目瞭然であろう。　銃手は、体を"く"の字に曲げ、連装機銃と弾倉を抱くような姿勢で"座る"。水平方向の射撃時は、図の　うに寝そべった感じになり、精神的な不安感は推して知るべしだろう。むろん、作戦飛行中ずっとこの中にいるわけではなく、戦闘空域以外の飛行中は、上右図のように、銃塔は機内に引き込まれ、銃手は機内の座席に座っている。

よって格段に高めたこと。その構造と使用法は併載した図と解説をご参照願いたい。

複座以上の機体の防御用旋回銃については、単装の場合は昔ながらの機械式照門、照星による照準を基本にしたが、2〜4連装の動力銃塔の場合は、銃塔内に固定銃と同じく光像式照準器を取り付けた。

この動力旋回機銃の照準、および操作に関し、他国が真似の出来ない先進的システムを導入したのがB-29である。

本機の防御銃塔は機首の上面、下面、胴体後部の上面、下面、尾部の5箇所にあるが、与圧キャビンということもあり、銃手は全て銃塔とは別の場所に座って照準し、機銃は遠隔操作で動かす。

通常は、爆撃手のみが機首下面の銃手を兼務する以外、他の4箇所には専任の銃手が配置されている。この中で後部上面の透明ドーム内に座るのが、CFC（集中火器管制官）と呼ばれる銃手。

それぞれの銃塔遠隔操作系統は、正、副の2系統用意され、被弾による銃手の負傷、系統の損傷が生じた場合でも他の銃手が自動的に複数を操作できるようになっていた。

CFCの持ち場は後部上方銃塔の照準、操作だが、機首上部銃塔も兼任でき、状況によっては全ての銃塔を統括管制した。

各銃手席に備えた照準器も、前述した固定射撃用のK-14と同様に、ジャイロ・コンピューターを組み込んだ"優れモノ"で、見越し射撃の計算を自動的に行ない、銃手は目標を捉えて距離の変化を追う操作のみでよく、そのまま"満星照準"で発射ボタンを押せば、高い確率で命中弾を得ることが出来た。

B-29の胴体後部上面の遠隔操作動力銃塔、および照準用透明ドーム（画面上方）。連装機銃はM2。ドーム内の照準器に顔を近づけているのがCFCの銃手。この銃塔は、自機の垂直尾翼が射界内にあるので誤って射ぬよう、ジャイロ・コンピューター内に制限装置が組み込まれており、機銃が一定範囲内に指向すると自動的に射撃が止まるようになっていた。

照準操作中の胴体後部左側の銃手。右側も含めて側方銃手の主担当は胴体下面銃塔だが、状況に応じ操作系統を切り換えて、前部下面、後部上面、さらには尾部銃塔の照準、射撃も可能だった。

アメリカ陸軍機の爆撃兵装

　アメリカ陸軍機が第二次世界大戦期に用いた爆弾の主要な弾種は、炸薬としてアマトールもしくはTNT火薬を詰めた「GP」（汎用）、弾頭部殻を厚くした「SAP」（半徹甲）、爆発によって鉄片などを飛散させ、兵士や地上にある航空機などに被害を与える「FRAG」（破片）、白燐やマグネシウム、ナパーム剤など燃焼性の高い成分を詰めた「IB」（焼夷）の4種に絞られる。

　それぞれの弾種には重量別に何種かあるが、最も使用頻度の高いGPは、最少100ℓb（453kg）から、250ℓb（113.4kg）、300ℓb（136kg）、500ℓb（226.8kg）、1,000ℓb（453.6kg）、2,000ℓb（907.2kg）、4,000ℓb（1814.4kg）まで7種に及ぶ。記録によれば、ヨーロッパ戦域でアメリカ陸軍の爆撃、攻撃、戦闘機などの各種機が投下した爆弾の総量は、計155万トン余に及ぶとされるが、実にその7割強がGPであった。

　これら各爆弾には「M」の接頭記号のあとに、2桁の数字と改良型を示す「A」等号、その度合を示す1桁数字を付して型式記号とした。下の表にも

ある、焼夷弾のM47は1回目の改良型が主成分を白燐とし、2回目ではマグネシウムに変えたことがわかる。

　なお、下の表には含まれていないが、太平洋戦争の末期にB-29が、日本の一般市街地に投下することを目的に開発した、「M69」の型式記号を付した特殊な500ℓbクラスター（親子）型爆弾があった。

　これは重さ3kg程度の六角形断面をした細い筒の中に、可燃性の高い油脂（ナパーム）剤を詰めた焼夷弾を48本束ねてケースに入れたもの。

　投下して地上300m付近まで落下するとケースが割れ、中の焼夷弾が拡散。同時に尾部に収めてあった麻製のリボンに着火して燃えながら地上に着弾する。そのとき弾頭部の炸薬が爆発し、火のついた油脂が四方に飛び散った（P.179参照）。

　基本的に木と紙で出来ていた当時の日本の一般家屋は、この飛び散った油脂でたちまち火がつき炎上、またたく間に燃え尽きた。

第二次大戦期にアメリカ陸軍機が使用した主要な爆弾

型式	分類	主成分	サイズ（全長×直径）
M30	100ℓb GP	HE（※）	38 1/2in（97.2cm）×8 1/4in（21cm）
M31	300ℓb GP	HE	48in（122cm）×11in（28cm）
M34	2,000ℓb GP	HE	93in（236cm）×23 1/2in（59.7cm）
M43	500ℓb GP	HE	59 1/4in（150cm）×14 1/4in（36.2cm）
M44	1,000ℓb GP	HE	69 1/2in（176.5cm）×19in（48.2cm）
M47A1	100ℓb IB	白燐	49in（124.5cm）×8in（20.3cm）
M47A2	100ℓb IB	マグネシウム	49in（124.5cm）×8in（20.3cm）
M56	4,000ℓb GP	HE	117 1/4in（297cm）×34 1/4in（87cm）
M57	250ℓb GP	HE	48in（122cm）×11in（28cm）
M58	500ℓb SAP		57 3/4in（146.7cm）×11 3/4in（29.8cm）
M59	1,000ℓb SAP		70 1/2in（179cm）×15in（38cm）
M64	500ℓb GP	（M43改良）	62 1/2in（158.7cm）×14 1/4in（36.2cm）
M65	1,000ℓb GP	（M44改良）	69 1/2in（176.5cm）×19in（48.3cm）
M66	2,000ℓb GP	（M34改良）	93in（236cm）×23 1/2in（59.7cm）
M76	500ℓb IB	ナパーム	59 1/4in（150cm）×14 1/4in（36.2cm）
M81	260ℓb FRAG		43 3/4in（111cm）× 18in（45.7cm）

（注）分類項のGPはGeneral Purpose（汎用）、IBはIncendiary Bomb（焼夷弾）、SAPはSemi-Armor Piercing（半徹甲）、FRAGはFragmentation（破片）を、主成分項のHEはHigh Explosive（高性能爆薬）を示す。

● B-17の爆弾倉内への各種爆弾、燃料増槽搭載組み合わせ

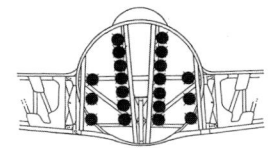

100ℓb(45.36kg)爆弾×20

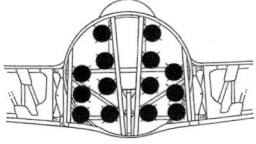

300ℓb(136.08kg)爆弾×14

500ℓb(272.16kg)爆弾×8

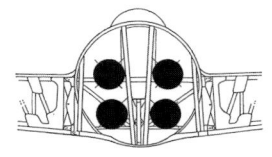

1,100ℓb(498.96kg)爆弾×4

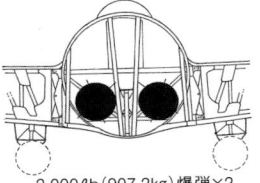

2,000ℓb(907.2kg)爆弾×2
（破線は機外装備例）

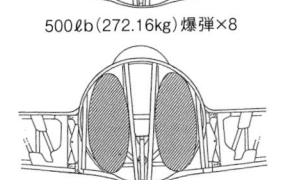

396gal(1,498.86ℓ)増槽×2
（フェリー時）

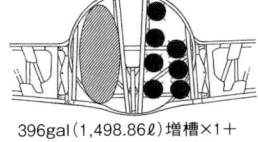

396gal(1,498.86ℓ)増槽×1＋
300ℓb(136.08kg)爆弾×7

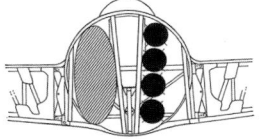

396gal(1,498.86ℓ)増槽×1＋
600ℓb(272.16kg)爆弾×4

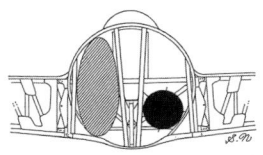

396gal(1,498.86ℓ)増槽×1＋
2,000ℓb(907.2kg)爆弾×1

8AF/390BGの基地であるフラムリンガムの掩体地区に積まれたM43（手前）、およびM44（後方）爆弾。専用のクレーン車を使ってM44を吊り上げているところ。まだ信管、尾部安定フィンは取り付けられていない。遠方は、569BSのB-17F-95-BO

8AFのB-17Fの内翼下面に、機外懸吊架を付けてM44、1,000ℓb GP爆弾を懸吊した状態。この機外ラックはそれほど日常的に使われたわけではない。

B-26の爆弾倉内への爆弾搭載要領

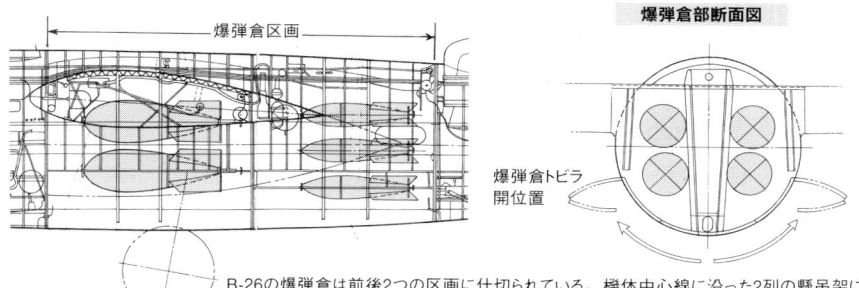

爆弾倉区画

爆弾倉部断面図

爆弾倉トビラ
開位置

B-26の爆弾倉は前後2つの区画に仕切られている。機体中心線に沿った2列の懸吊架に、最大で3,000ℓb（1,360kg）までの各種爆弾を懸吊できた。図は前方区画に500ℓbを4発、後方区画に100ℓb爆弾を6発懸吊した例を示す。爆弾倉扉は左右に「く」の字に折れて開く。

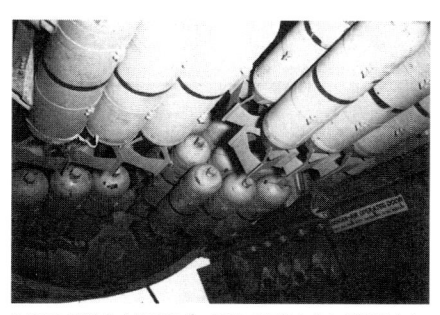

B-29の爆弾倉内に9発ずつ3列に前後方向に懸吊された、M47A2 100ℓb焼夷弾。B-29の最大搭載量は9トンだが、日本までの長距離飛行のため、通常は半分の4.5トン程度に抑えられたので、M47A2だと1機あたり100発という勘定になる。

「M47A2」100ℓb焼夷弾

アメリカ陸軍爆撃機が使用した各種爆弾の中では最重量の、「M56」4,000ℓb（1,814.4kg）GP。B-17、B-24、B-29の各四発重爆にしか懸吊できないが、これを必要とする爆撃目標はそう多くなく、使用機会は少なかった。

日本の一般市街地空襲に威力を発揮した、「M69」クラスター型焼夷弾（500ℓb）。横方向の黒い細帯状のものがケースを絞める鉄製のバンドで、投下後にこれが外れ、中の焼夷弾子が拡散しつつ落下する。

「M69」500ℓbクラスター型焼夷弾

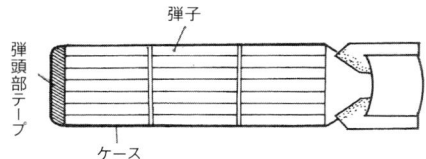

弾子

弾頭部テープ

ケース

M69拡散状態

着火用リボン

六角形断面の焼夷弾子

焼夷弾子　ケース

<!-- side vertical -->アメリカ陸軍機の爆撃兵装

P-47の胴体下面ラック&1,000ℓb GP爆弾　　P-47の主翼下面兵装パイロン&500ℓb GP爆弾

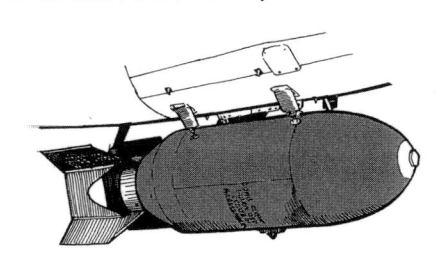

P-47の胴体下面、主翼下面の爆弾懸吊架はいずれも電磁式で、前者は「B-7」型、後者は「B-10」型と称した。B-7型は胴体内部に埋め込み式に、B-10型は周囲をフェアリング（覆）で囲ったパイロンと称する大仰な造りになっていた。懸吊金具の前後に見える4本の突起は、飛行中に爆弾が揺れぬようにする押さえ金具。

「M8」4.5in.ロケット弾及びM10ランチャー

M8 4.5in.ロケット弾

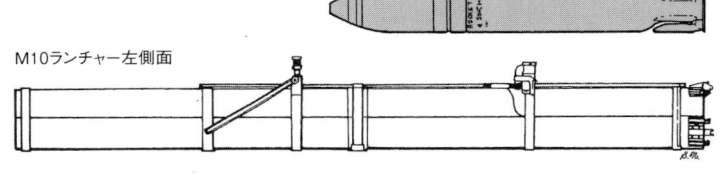

M10正面図

M10ランチャー左側面

ヨーロッパ、太平洋両戦域でP-47、P-51が対地攻撃兵器として用いたことで知られる、「M8」と称したバズーカ砲式のロケット弾は、筒状のランチャー3本を一束に括り、左右主翼下面に各1組吊り下げた。もっとも、弾道性が悪いために命中率が低く、実戦での評価はいまひとつだった。

↓M10ランチャーをP-47の左主翼下面に吊り下げた状態

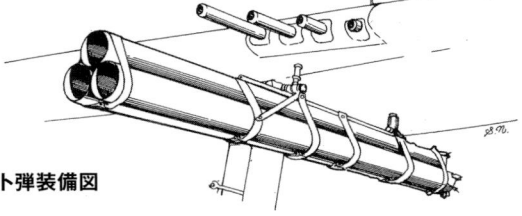

P-51Dの
5in.ゼロ・レール・ランチャー式ロケット弾装備図

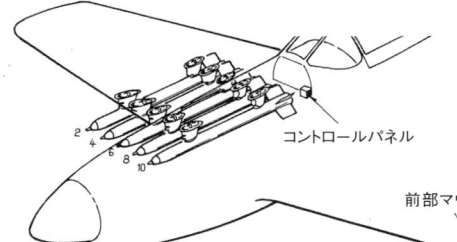

コントロールパネル

後部マウント

前部マウント

「M8」に代わり、1944年秋頃より陸軍のP-38、P-47、P-51、さらに1945年に入ってからは海軍のF4U、F6Fの各戦闘機が使用した、ゼロ・レール式と呼ばれたランチャーに懸吊する、5in.（5インチ＝127mm）ロケット弾。略称「HVAR」（高速航空機用ロケット：High Velocity Aircraft Rocketの略）のとおり、弾道性もよく、きわめて威力ある地上攻撃兵器だった。図中の数字は発射の順序を示すが、むろん全弾一斉発射も可能。

双発以上のアメリカ陸軍爆撃機は、爆弾の懸吊法に特徴があり、他国機の如く、爆弾倉の天井に横方向に懸吊架を連ねるのではなく、P.178のB-17、P.179のB-26を例にした図の通り、爆弾倉内の機体中心線、あるいは左右壁に沿い縦方向に梯子状の懸吊架を設け、ここに吊った。

その懸吊法も、一般的な鈎式、あるいは電磁式に行うのではなくプーリー部に横桿を用いて引っ掛けるように懸吊した。

ただし、太平洋戦争末期にB-29が多用したM47焼夷弾（重量45.3kg）の如き軽量な爆弾は、6発をひと括りにまとめ、横方向に何列か並ぶように懸吊した。

P-38、P-47のように、大戦後期に爆弾、ロケット弾を用いて地上攻撃任務を専らとするようになった戦闘機に、胴体、主翼下面にそのための懸吊架を設けて対処した。P.180に、P-47やP-51を例にした懸吊例を示した。

◆　　　◆

アメリカ陸軍機の爆撃兵装に関連し、必ず触れておかねばならぬのが、"神器"と称された画期的な爆撃照準器「ノルデン」の存在だろう。この照準器なくして第8航空軍のB-17、B-24によるドイツ本土戦略爆撃も、第20航空軍のB-29による日本々土爆撃の成功は困難だったろう。むろん、これら四発機以外のB-25、B-26双発爆撃機にも装備され、各戦域の戦術爆撃に威力を発揮した。その機構と照準操作法の概略を下に示す。

水平爆撃の要領

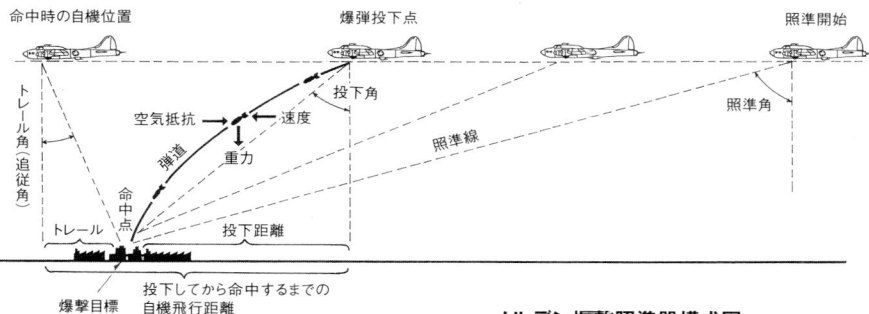

第二次世界大戦当時、アメリカ以外の各国は爆撃照準器、または照準窓に、ジャイロを組み合わせて水平（垂直）姿勢を保てるようにする方法をとっていたが、方向維持までは克服できず、これは乗員の技量と経験に頼るしかなかった。

こうした、技術的に難しい機体安定問題を克服したのがノルデン爆撃照準器である。原理的にはさほど複雑ではなく、望遠鏡式照準具をジャイロ安定機構の中に組み込み、これに自動操縦装置（C-I）を連結して、爆撃照準に従い機体姿勢を自動的にコントロールするというものである。

ジャイロが単に水平（垂直）安定だけではなく、方向ジャイロによって方向安定まで行い、なおかつ自動操縦装置と連動させるというところまで考えたところが画期的だった。それまで爆撃照準には経験と勘の合わせた高い技倆が求められたのだが、ノルデンによる訓練を一定期間うけた者であれば、誰もが同一レベルの、高い爆撃照準技倆を得られた。この点こそが本器の威力であった。

ノルデン爆撃照準器は、制式には「M」サイトと呼ばれ、いくつかの型式があったが、基本構造は同じである。B-17が装備したのは「M-7」と「M-8」。本体は図に示すように大きく分けて照準部と安定部からなり、両部はピボット・コネクションと、2本のロッキング・ピンで連結されている。上方の照準部は、爆弾投下角をセットする調速機構目標を照準する光学システム、水平（垂直）姿勢維持のためのジャイロを組み込んであり、下方の安定部は、方向ジャイロを内包し、その上部は自動操縦装置にクラッチを介して連結している。

ノルデン爆撃照準器構成図

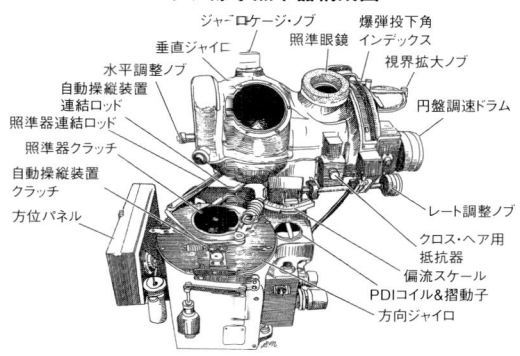

アメリカ陸軍機の国籍標識変遷

アメリカ陸軍機に、初めて統一した国籍標識が採用されたのは、まだ航空部隊が組織として独立する前の1917年5月のことで、上翼上面、下翼下面の左、右翼端近くに、青の円に白い星、その中心に赤い円のマーク（図1）を描き、さらに、方向舵を縦割りに3分割し、前方から青、白、赤に塗り分けることにした。これは、海軍機も同じである。

しかし、折からの第一次世界大戦に参戦したアメリカが、ヨーロッパに航空隊を派遣すると、同じ連合国側であるイギリス、フランス航空隊機の国籍標識に似せたほうがよいとの認識が高まり、外側から赤、青、白の三重丸にした、いわゆるラウンデル・タイプに変更された（図2）。

もっとも、このラウンデル・タイプが制式に認可されたのは、1918年2月になってからのことで、同年11月には大戦が終結し、翌1919年5月には元の青円、白星、赤円タイプに戻ってしまったので、使用期間はごく短かった。それでも、当時のこととて、こうした変更通達が出ても、実用機のすべてがいっせいに塗り変えるようなことは不可能であり、なかには、数年後になってようやく変更したというような機体もあり、しばらくの間は新、旧マークが混在するというのが通例である。

◆　　　　◆

1926年5月、それまで陸軍地上部隊の通信連隊の所轄だった航空班が、陸軍航空隊として独立したのを機に、方向舵の3色塗装を、もっとアメリカらしくしては？との提案が、ボーイング社の

技師から出され、青の縦帯はそのままに、白、赤の部分を横方向に13等分し、白6本、赤7本の帯に交互に塗り分けることとされた（図3）。この変更通達は同年11月に承認され、翌1927年1月から施行された。

1939年9月、第二次世界大戦が勃発したことにより、かねてより迷彩塗装を研究していた陸軍航空隊は、1940年初めころより上面オリーブドラブ、下面ニュートラルグレイの迷彩塗装を制式導入した。これにともない、当然のごとく、方向舵のナショナル・カラーリングは廃止、さらに、主翼国籍標識のうち、左翼下面、右翼上面も廃止して、迷彩効果を損なわぬよう配慮した。ただし、横方向からの国籍識別を容易にするため、以前にはなかった胴体国籍標識を描くこととした。この変更通達は、1940年9月に出されている。

◆　　　　◆

1941年12月、日本海軍機動部隊によるハワイ真珠湾攻撃により、否応なく第二次世界大戦に参戦したアメリカは、特に太平洋戦域の海軍機が、実戦の緊張感から、味方の対空砲火に誤射される"事件"が頻発した。

そこで、味方機識別を徹底するため、主翼の国籍標識を以前の4ヶ所に変更することにし、1942年1月上旬にこれを通達した。主な対象は海軍機だったが、海軍が管轄する戦域に配備された陸軍

●図1
1917〜1918.1、
1919.5〜1942.5

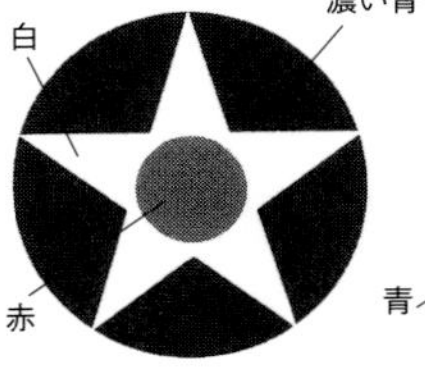

白
濃い青
赤

●図2
1918.2〜1919.4

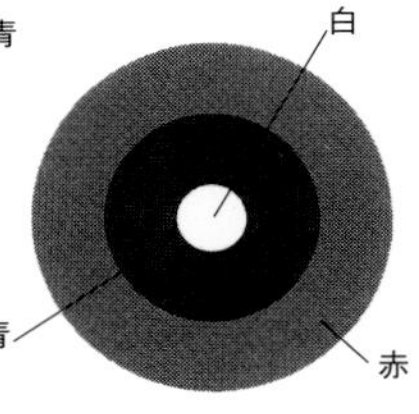

白
青
赤

●図3　方向舵のナショナル・カラーリング

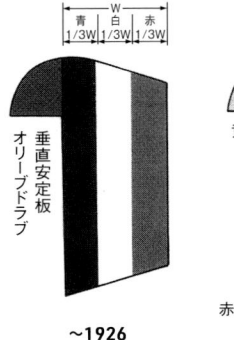

青 1/3W ／ 白 1/3W ／ 赤 1/3W

オリーブドラブ
垂直安定板

〜1926

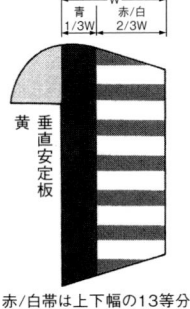

青 1/3W ／ 赤/白 2/3W

黄
垂直安定板

赤/白帯は上下幅の13等分

1927〜1940

機にも適用された。

しかし、これ以後も太平洋戦域での誤射事件が頻発したため、その原因を調査したところ、国籍標識の赤円と、海軍機の方向舵の赤/白ストライプが、日本機の日の丸国籍標識の赤と誤認してしまう例が多いことがわかった。1942年5月、アメリカ陸、海軍はただちにこれを削除することに決定し、6月1日までに必ず実行するよう通達した（図4）。

◆　　　◆

1942年秋ごろ、イギリス本土に駐留した陸軍機（全部ではない）に、胴体国籍標識周囲に細い黄色のフチを追加した例が見られた（図5）。この理由には諸説があるが、迷彩色地のマークをはっきりさせ、味方機識別を徹底するのが目的と考えるのが自然だろう。この黄色フチは、同年11月に実施された、連合軍の北アフリカ上陸作戦"オペレーション・トーチ"（たいまつ作戦）参加の陸、海軍機では制式通達として施行されている。

1943年6月末、アメリカ陸、海軍は、遠目にも

国籍標識をはっきりと識別できるよう、両側に白い袖（矩形）を追加し、さらに全体を細い赤フチで囲む新タイプを導入することに合意し、29日付けをもって施行するよう通達した（図6）。

しかしこの新タイプは、これまでの国籍標識の変遷に矛盾しており、とりわけ、日本機と交戦している太平洋の第5航空軍では、以前にわざわざ赤円を廃止した意味がなくなるとして反発し、7月末に赤フチをつけない、白袖だけを追加したマークを独自に制定した。

海軍も、8月上旬のキスカ島攻略作戦参加機について、用心のため赤フチを青に変更するよう命令した。

結局、陸、海軍上層部も、この新タイプ国籍標識の不適切さを認め、9月16日付けで廃止。以降は上記海軍用の青フチどりを制式に規定し、すべての陸、海軍機に適用し、これは大戦後の1947年1月まで変わらなかった（図7）。記入箇所は左主翼上面、右主翼下面、胴体両側の4ヶ所。

●図4
1942.5～1943.6.28

●図5
1942秋ヨーロッパ、
北アフリカ戦域

濃い青

黄

1943年9月17日付けで通達された、青円/白星/白袖に青フチどりタイプの国籍標識記入例。写真の機体は、P-51Hマスタング。このタイプに限らず、各国籍標識の記入位置、サイズは、機体ごとに規定されていた。

●図6
1943.6.29～9.16

赤

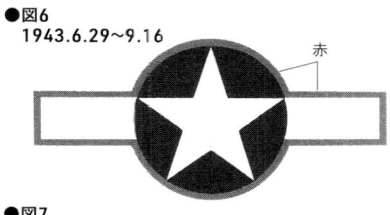

●図7
1943.9.17～1947.1

濃い青

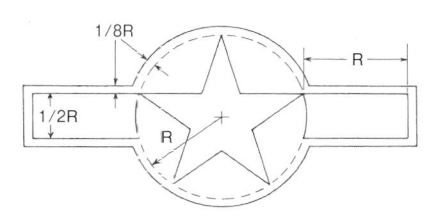

●図7タイプの国籍標識寸度基準

1/8R

R

1/2R

R

アメリカ陸軍航空軍の戦歴概要

アメリカを太平洋戦争、ひいてはヨーロッパ大戦へと引きずり込むきっかけとなった、1941年12月7日（現地日時）の日本海軍空母部隊によるハワイ奇襲攻撃により、オアフ島のヒッカム飛行場で大破・炎上したB-17E。

●太平洋戦域での戦い

1941年12月7日（現地時間）、ハワイ諸島のオアフ島が日本海軍空母部隊による奇襲攻撃をうけ、アメリカは否応なく太平洋戦争、ひいては第二次世界大戦の当事国となった。

日本との緊張が高まり、戦争勃発を予期していたアメリカは、ハワイとフィリピンの陸軍機兵力を増強していたが、B-17を除いて旧式機の占める割合が高く、とくにP-26、P-35、P-40を擁していた戦闘機隊は、日本海軍の零戦に対して歯が立たず、空中戦では一方的に敗れた。

それでも劣勢状況のなか、1942年4月18日、B-25×16機を海軍の空母「ホーネット」から発艦させるという奇策で、日本本土に初空襲を行ない、戦勝に浮かれていた日本軍上層部を震撼させた。

その日本の驕りが一因となり、ミッドウェー海戦で日本海軍が惨敗を喫したのを契機に、アメリカ軍が対日反攻作戦を本格化。1942年8月、南太平洋ソロモン諸島のガダルカナル島に上陸作戦を敢行。これを足場に同諸島、さらにはニューギニア島、インド/ビルマ/中国方面でも攻勢を強めていった。これら各戦域を担当区とした陸軍航空部隊は、第13（ソロモン）、第5（ニューギニア）、第7（中部太平洋）、第10（インド/ビルマ）、第14（中国大陸）航空軍である。

1943年に入り、戦闘機隊にP-38、P-47両機の配備が進むと、緒戦期に苦しめられた日本海軍の零戦、同陸軍の一式戦などを性能面で凌駕。また空中戦術の転換、さらには兵力面での格差も広がり、優勢を確立していった。

ソロモン、ニューギニア戦域では、A-20、B-25による低空銃撃・爆撃が非常に効果的で、日本側航空基地、地上軍陣地、諸施設に対しパラシュート爆弾を多用した。また周辺海域を航行する輸送船や小型艦船に対しては、スキップ・ボミング（跳飛爆撃）が威力を発揮。1943年3月2日から4日にかけて、ビスマルク海を航行中の日本海軍駆逐艦8隻とこれに護衛された輸送船8隻をB-25、A-20、P-38などが襲い、駆逐艦4隻と輸送船8隻全てを撃沈した戦果が象徴的であった。

●フィリピン〜沖縄〜日本本土へ

1944年4月までにソロモン、ニューギニアを制圧したアメリカ軍は、同年10月にフィリピン攻略作戦を開始。最後の手段である体当り自爆攻撃に踏み切った日本陸海軍航空隊の決死の抵抗などにより時間を要したが、翌1945年2月にはフィリピンの制圧に成功した。

このフィリピン攻略作戦には陸軍第5、第7、第13の3個航空軍兵力が投入され、弱体化が甚しかった日本側航空兵力を圧倒した。

このフィリピン攻略に先立ち、6月からアメリカは日本に決定的打撃を与える手段としての新鋭超重爆・B-29の発進基地確保を目的としたマリアナ

1943年11月2日、日本海軍の根拠地ラバウルのシンプソン湾に停泊中の艦船群に対し、超低空の銃爆撃を行なう第5航空軍第38爆撃航空群所属のB-25。

1万メートル付近の高々度を、堂々の梯団を組んで日本々土空襲に向かう、第20航空軍隷下部隊のB-29。手前は撮影機の右翼第3、4番エンジンナセルと豪快に回転するプロペラ。

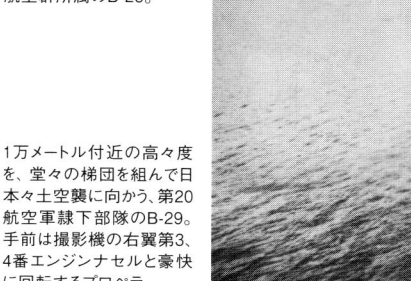

諸島攻略を行ない、1ヶ月足らずのうちに、サイパン、テニアン、グアムの主要3島を制圧。ただちに飛行場整備に着手し、10月までに4つのB-29発進基地を完成させた。

そして1944年11月24日を皮切りにマリアナ諸島からの日本本土空襲を開始。各地の軍需工場は言うに及ばず、翌1945年3月以降は一般市街地に対する無差別の猛爆撃を連日のように実施。日本の継戦能力を急速に殺いでいった。このB-29による戦略爆撃を担当したのが第20航空軍(1944年4月に編成)だった。

フィリピンを制圧したアメリカは、B-29による

空襲とともに、来たるべき日本本土上陸作戦の布石として1945年4月、沖縄攻略作戦を実施。2ヶ月余後の6月22日に完全占領を果たした。

もっとも、本土上陸作戦を実施する前に8月6月、9日とB-29による広島、長崎への原子爆弾投下が決行され、観念した日本はポツダム宣言を受諾して無条件降伏。3年8ヶ月に及んだ太平洋戦争は終結した。

●ヨーロッパ戦域での戦い

本土から遠く離れているとはいえ、自国領土であるハワイが奇襲攻撃をうけた事実は重く、アメリカもまず太平洋方面での日本軍との戦いを優先せざるを得ず、ヨーロッパへの航空兵力配備は少し遅れた。

それでも、1942年6月のミッドウェー海戦に勝利したことで一息ついたアメリカは、同年4月に本土内で編成していた第8航空軍を対ドイツ戦略爆撃専任とすることにし、同年8月末までに主力装備機のひとつB-17×164機を含む計386機が、イギリス本土内各基地に集結した。

しかし、最初からドイツ本土への直接爆撃を行なうのはリスクが大きいため、1942年いっぱいはドイツ占領下のオランダ、フランスへの小規模攻撃で経験を重ねる方針を採った。

ドイツ本国に対する初めての爆撃は、1943年1月27日のドイツ北西沿岸部の要港ヴィルヘルム

アメリカ陸軍航空軍の戦歴概要

紺碧の空に壮大な飛行雲を曳きつつ、ドイツ本土爆撃に向かう第8航空軍のB-17。1944年2月に実施された「オペレーション・オーギュメント」さなかの撮影。

スハーフェンを目標にしたときで、計64機のB-17が参加した。

　ドイツ本土の防空を担当するBf109、Fw190装備の戦闘機隊は練度の高い精鋭パイロットが多く、イギリス空軍は大戦初期の爆撃行で大損害をうけたのを契機に、夜間爆撃を専らとするようになっていた。

　英空軍は米第8航空軍にも夜間爆撃を強く推奨したのだが、B-17、B-24の機体自体の高性能、ノルデン爆撃照準器による高精度な昼間高々度爆撃が、軍事目標の破壊に適しているなどの理由で、それを聞き流した。実際、1943年夏までは第8航空群の出撃数に対する損害比率は軽微なものにとどまっていた。

　しかし、同年8月17日に実施されたドイツ奥地のシュバインフルト、レーゲンスブルクのボールベアリング、航空機工場を目標にした爆撃行では、出撃したB-17×375機のうち実に60機、計600名の乗員を失なう大損害（損害比率16%）を被った。

　その衝撃も醒めやらぬ2ヶ月後の10月14日、再びB-17×291機、B-24×29機でシュバインフルトの爆撃を行なったが、またもドイツ戦闘機と対空砲火の激しい迎撃により計60機を失なう大損害を喫した。

　この2度に及んだ"惨劇"にさすがの第8航空軍上層部も頭を抱えたが、それでもP-47などの護衛戦闘機が随伴できるドイツ西部方面への出撃を継続。翌1944年に入るとドイツ最深部まで随伴できるP-51の配備が進み、状況は好転した。

　兵力の増強も加速度的に進み、同年5月頃には、1回の爆撃行にB-17、B-24あわせて1,000機、P-51、P-47、P-38あわせて700〜800機も出撃させる程になり、ドイツの軍需産業、防空兵力を急速に損耗させていった。

　そして同年6月のノルマンディー上陸作戦後の地上軍侵攻でドイツを追いつめ、翌1945年5月に降伏、ヨーロッパ大戦終結へと導く。

B-17、B-24の両四発爆撃機隊を護衛しつつ、ドイツ本土に向かう第8航空軍第361戦闘航空群のP-51。"フィンガー・フォー"（4本指）と呼ばれた基本編隊で、最上方の機が1番（リーダー）機。このP-51による護衛がつくようになってから、B-17、B-24の損害比率は劇的に改善し、ドイツ上空の戦いはアメリカ軍優勢へと大きく傾いた。

1943年1月19日、前年11月8日に始まった連合軍の北アフリカ上陸作戦、「オペレーション・トーチ」（たいまつ作戦）を支援するため、大西洋を海軍の空母「レンジャー」によって運ばれ、モロッコ沿岸に接近したところで、飛行甲板から発艦せんとする、第12航空軍隷下第325戦闘航空群のP-40F。

北アフリカ方面におけるアメリカ陸軍航空部隊が実施した作戦のなかで、最も規模が大きく、且つ凄惨な結果となったのが1943年8月1日の「オペレーション・タイダルウェーブ」（津波作戦）。ルーマニアのプロエスティ油田を爆撃する任務に、計179機のB-24が参加したが、43機が撃墜され、不時着なども含めて80機が未帰還、乗員310名が戦死した。写真は超低空爆撃中のB-24D。

●地中海、北アフリカでの戦い

　ヨーロッパ方面には、欧州大陸以外の地中海、北アフリカを舞台とした戦域があった。大戦初期のドイツ/イタリア軍の侵攻に対峙したのはイギリス軍だった。

　しかし、イギリスのみで対抗するのは荷が重く、アメリカも1942年6月からエジプトに航空兵力を派遣。便宜上「中東航空軍」と命名した。

　そして、同年11月この方面での連合軍優勢を確保するため、北アフリカ西岸のモロッコおよび北岸のアルジェリアに対する上陸作戦「オペレーション・トーチ」を敢行。「中東航空軍」を格上げし、戦術支援を本務とする第9航空軍に改組したほか、すでに8月にアメリカ本土内で新編成されていた第12航空軍を、北アフリカに派遣した。

　地上軍同士の戦いは、北アフリカの砂漠地帯を東へ西へと一進一退するシーソー・ゲームだったが、トーチ作戦後は連合軍の攻勢により、ドイツ軍はチュニジアに追い詰められて行き場をなくし、翌1943年5月に降伏、この方面での戦闘は終息した。

　勢いづいた連合軍は、同年7月シチリア島、次いで9月にはイタリア本土のレッジョ、タラント、サレルノに相次いで上陸作戦を行ない、同月8日イタリアを降伏に至らしめた。

　地中海方面の制圧をうけて、南方からのドイツ本土空襲を目指したアメリカ陸軍は、1943年11月、チュニジアにて第15航空軍を編成。B-17、B-24、P-38、P-47、P-51を擁して、イタリア本土、ハンガリー、オーストリアなどのドイツ勢力下に対する攻撃を実施。最終的に1944年9月のミュンヘン爆撃を皮切りに、ドイツ降伏の日まで任務を全うした。

アメリカ陸軍機 ★ 写真ギャラリー

写真解説／ミリタリー・クラシックス編集部

中国・昆明基地のAVG（American Volunteer Group：アメリカ義勇航空群）「フライング・タイガース」のP-40B。
機首上部に12.7㎜機銃2挺がついており、また機首下部のアゴ状のラジエーターも小さめである。

編隊を組んで飛ぶP-38J（手前）と、P-38Jを元にした非武装の写真偵察機型F-5B。
P-38Jの機首の20㎜機関砲1門と12.7㎜機銃4挺の配置が良く分かる。

米空軍第359戦闘航空群第368戦闘飛行隊のP-51B（s/n 43-12433）。1944年12月、イギリス・サフォーク州、レイドン航空基地。この機は1944年8月に主翼や尾翼にダメージを受けたため、WW（war weary／戦争疲弊）機扱いとなった。キャノピーはファストバック型だが、視界を確保するため膨らんだ「マルコム・フード」となっている。

第12航空軍第350戦闘航空群第346戦闘飛行隊のP-47D-30RE（s/n 44-20878）。1944年末〜45年初頭、イタリア上空。翼下に165ガロン（625リットル）増槽、胴体に108ガロン（409リットル）増槽を下げている。ラダーの白黒のチェックは、346FS固有のマーキング。

1942年4月18日、西太平洋上で海軍の空母「ホーネット」上に並ぶアメリカ陸軍のB-25Bミッチェル爆撃隊。ジミー・ドゥーリトル中佐に率いられたB-25爆撃隊は「ホーネット」から発艦、東京などを爆撃して中国大陸に脱出していった。

1944年5月31日、ルーマニアのプロエスティ油田のコンコルディア・ベガ石油精製所を爆撃するB-24重爆隊。

大戦前半のアメリカ陸軍の標準塗装であるオリーブドラブ塗装を施され、飛行試験を行う実用試験機のYB-29。
量産型では無塗装銀となった。

ノースロップが1943年に試作した無尾翼・推進式エンジンのXP-56ブラックバレットの試作2号機。
主翼が途中で下に折れ曲がるガル翼となっている。

現代の「ブレンデッド・ウイング・ボディ」を彷彿とさせる、胴体、主翼、エンジンナセルなどが滑らかにつながっているXP-67バット。より幻想的な「ムーンバット」という愛称もあった。

日本軍用機事典 海軍篇
1910〜1945［新装版］

野原 茂 著

◎A5判　210ページ　2,037円（税込）

　明治45年（1912年）、フランスから航空機を初めて購入した日本海軍は、外国機の模倣・研究を通じて航空機の設計を学び国産化を進めていく。昭和十年代には九六式陸攻や零戦、二式大艇など世界トップクラスの航空機を開発・生産するまでに至るが、太平洋戦争で敗れ去り、その命脈は尽きた。

　本書では、260点以上の写真・図版とともに、日本海軍が生産・運用・試作・計画した航空機163機種を網羅。さらに発動機や兵装、各種装備や機体の塗装、組織編制や航空母艦、海軍航空隊の戦歴も取り上げ、日本海軍航空の草創期から終焉までを分かりやすく解説する。

日本軍用機事典 陸軍篇
1910〜1945［新装版］

野原 茂 著

◎A5判　210ページ　2,037円（税込）

　明治43年（1910年）、日本陸軍は輸入したアンリ・ファルマン機で日本初の動力飛行に成功。購入した外国機を通じて航空機の設計を学びつつ、独自の機体を研究開発していった陸軍は、昭和十年代には九七式戦や一〇〇式司偵、四式戦など世界水準の軍用機を開発するようになるが、太平洋戦争の敗北と共にその系譜も消滅し果てた。

　本書では、約300点の写真や図版とともに、日本陸軍が輸入・生産・運用・試作・計画した航空機約150機種を網羅する。さらに発動機や兵装、各種装備や機体の塗装、組織編制や陸軍航空部隊の戦歴も解説。日本陸軍航空の勃興から敗滅までを多角的に詳解する。